超弦理论——终极宇宙理论？

超弦理论，统一相对论和量子论，统一四种基本力！

弦理论的创始人之一，畅销科普书《平行宇宙》作家，加来道雄教授为我们权威解读“超弦理论”。作者分析了超弦理论的诞生、定义以及它的重要意义。这项革命性的突破极可能将爱因斯坦的毕生梦想“万物理论”变为现实。

《超弦论》核心论点：

统一场论与量子力学的矛盾？牛顿的引力理论如何被超弦理论统一？

超弦理论解决了S矩阵理论和量子场论存在的对立。

超弦理论解决了GUT的烦恼，弦的存在解决了增殖夸克问题。

时间之初，温度极高，那时的宇宙超对称。

如果原始恒星足够大，大重力将导致中子相互挤压，最终挤压至一个无穷小的点——黑洞的权威解释。

超弦理论能计算广义相对论的量子修正，得出虫洞（爱因斯坦-罗森桥）解，实现维度旅行。

超弦理论预测宇宙灾难——如存在一个能量状态更低的宇宙，发生量子跃迁，所有已知物理定律将完全改变（物质总试图寻找能量更低的状态）。

超弦理论解释了大爆炸之前发生了什么——十维宇宙破裂为更低能级宇宙，四维宇宙（膨胀）和六维宇宙（卷曲）。

超弦理论结合量子力学解释了困扰爱因斯坦30年的难题——第五维度为何卷曲，而其他维度可延伸至无穷远（高维卷曲问题）。

超弦理论带领我们理解高维——高维生物可容易地可视化低维对象，低维生物只能看见高维对象的截面或阴影。

麦克斯韦将电和磁统一为电磁力，超弦理论实现了强力、弱力、电磁力、引力的全统一。

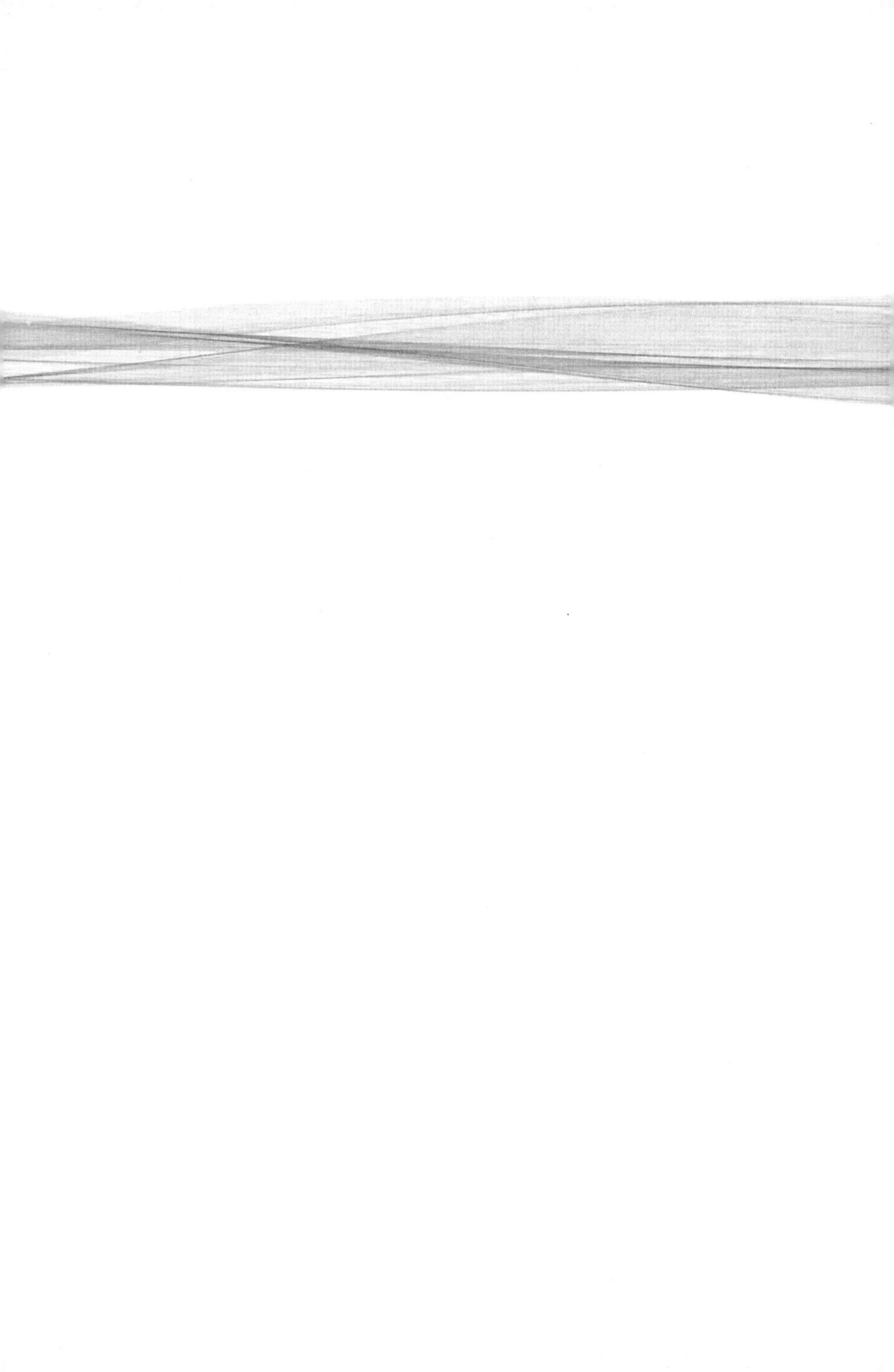

科学可以这样看丛书

BEYOND EINSTEIN
超弦论

终极宇宙理论

〔美〕加来道雄（Michio Kaku）
〔美〕詹妮弗·汤普森（Jennifer Thompson）著
伍义生　译

解释爱因斯坦的困惑，高维卷曲
解释大爆炸之前的宇宙，时间之初
对称、简单、美丽，万物理论的第一候选

重庆出版集团　重庆出版社

版贸核渝字(2018)第150号

图书在版编目(CIP)数据

超弦论/(美)加来道雄,(美)詹妮弗·汤普森著;伍义生译.
—重庆:重庆出版社,2020.10(2020.11重印)
(科学可以这样看丛书/冯建华主编)
书名原文:BEYOND EINSTEIN
ISBN 978-7-229-13323-8

Ⅰ.①超… Ⅱ.①加… ②詹… ③伍… Ⅲ.①超弦—理论物理学 Ⅳ.①O572.2

中国版本图书馆CIP数据核字(2020)第155292号

超弦论
BEYOND EINSTEIN
〔美〕加来道雄(Michio Kaku)〔美〕詹妮弗·汤普森(Jennifer Thompson) 著
伍义生 译

责任编辑:连 果
审 校:冯建华
责任校对:何建云
封面设计:博引传媒·何华成

重庆出版集团
重庆出版社 出版
重庆市南岸区南滨路162号1幢 邮政编码:400061 http://www.cqph.com
重庆出版社艺术设计有限公司制版
重庆长虹印务有限公司印刷
重庆出版集团图书发行有限公司发行
E-MAIL:fxchu@cqph.com 邮购电话:023-61520646
全国新华书店经销

开本:710mm×1000mm 1/16 印张:12.5 字数:175千
2020年10月第1版 2020年11月第2次印刷
ISBN 978-7-229-13323-8
定价:39.80元

如有印装质量问题,请向本集团图书发行有限公司调换:023-61520678

Advance Praise for *Beyond Einstein*
《超弦论》一书的发行评语

他知道如何使科学变得有趣。

——《费城询问报》(*The Philadelphia Inquirer*)

加来道雄对超弦理论原理的探索清晰且生动，像史蒂芬·霍金那样发人深省。

——《科克斯书评》(*Kirkus Reviews*)

加来道雄凭借自己清醒且耐心的风格，用诀窍将最空灵的想法付诸实践。

——《华尔街日报》(*The Wall Street Journal*)

他的科学观点超出了这个世界。

——《洛杉矶时报》(*Los Angeles Times*)

致谢

感谢布里吉塔·富尔曼（Brigita Fuhrmann）和谢丽尔·墨菲（Cheryl Murphy）为此书作图。感谢迈克尔·艾伯特（Michael Albert）、大卫·阿普林（David Aplin）、霍华德·张（Howard Chang）、丹尼尔·格林伯格（Daniel Greenberger）、阿瑟·米勒（Arthur I. Miller）、海因茨·佩吉（Heinz Pagels）和约翰·施瓦茨（John Schwarz）给我的慷慨帮助。

引言

加来道雄撰写本书的想法应追溯到20世纪50年代，那时，他还是一个在加利福尼亚成长的孩子，第一次听到统一场论。

加来道雄在小学4年级时，听到一位名为阿尔伯特·爱因斯坦的伟大科学家去世的消息。他知道，爱因斯坦一生中发现了很多伟大的东西使他获得了世界赞誉，但直至死前也仍未能完成他的伟大著作。加来道雄被这个故事迷住了。

这个孩子推理，如果爱因斯坦果真如此伟 那么，他未完成的工作一定很棒——那一定是他杰出的职业生 就。

加来道雄出于好奇，梳理了帕洛 图发现更多与统一场论相关的信息，但他未找到任何书籍 的文章。他找到了一些与量子力学相关的大学课本，但 道雄几乎不能理解。此外，那些课本也并未提及统一场论。

于是，加来道雄找了他的老师，老师并未给他答案。后来，他遇到物理学家，当他问及爱因斯坦最后的这个理论时，对方也只是耸耸肩膀。多数物理学家认为，相信那个人能联合宇宙中的四种力还为时过早，或者是自以为是。

几年后，当加来道雄研究弦理论时（作为一种强相互作用理论提出），他也心存疑虑，认为对统一场论的探索也许只是一场疯狂的追逐。20世纪70年代，物理学家约翰·施瓦茨（John Schwarz）和乔尔·舍尔克（Joel Scherk）提出这种弦理论的一个复杂版本也许是传说中的爱因斯坦和其他物理学家未曾想到的统一场论的观点时，没有一位物理学家认真考虑。

最后，1984年，该理论似乎取得了戏剧性的突破，似乎解决了问题。就像施瓦茨和舍尔克早在几年前的预测，“超弦”似乎是统一场论最合适的（也是唯一的）候选理论。

尽管该理论的细节仍在研究中，但很明显这个发现将动摇物理世界。加来道雄和詹妮弗·汤普森已合著了《核能：两个方面》一书，双方的再次合作似乎很自然，并回答了30年前就让加来道雄着迷的问题——什么是统一场论？

我们共同努力撰写本书，作为对好奇外行的一个指南。我们想写一本涵盖“超弦革命”的书，其洞察力和范围通常只有内行人士才能提供，并以生动的和富有有益信息的方式呈现主题。我们认为，一个理论物理学家与一名作家的综合经验，将使这方面做得更好。

我们想提供物理学世界更全面的信息，在过去300年的科学背景下展示超弦理论。许多书论述了现代物理学的一个方面（无论是相对论、量子力学还是宇宙学），但却忽略了更大范围的物理学。《超弦论》则不同，我们关注的绝非孤立的研究领域，而是物理的整个范围，指出每个特定的理论在整个物理学的位置。统一场论与量子力学有什么关系？牛顿的引力理论如何用于超弦理论？你可以在《超弦论》一书找到这些问题的答案。

本书，我们强调了超弦理论如何给出一个物质的统一描述。我们重点关注亚原子粒子性质的多样性，如夸克、轻子、杨-米尔斯粒子、胶子……以及它们怎样被视为超弦的不同振动。加来道雄在另外一本作品《超空间》中还谈及空间和时间的性质，特别是平行宇宙、时间扭曲的可能性和第十维度。

我们为物理学的新突破而激动，我们希望《超弦论》既权威又有趣。简言之，希望它成为加来道雄年轻时就喜欢读的一本书。

加来道雄，纽约，纽约州

詹妮弗·汤普森，威廉斯敦，马萨诸塞州

目录

Part Ⅰ

A THEORY OF THE UNIVERSE

第一部分

宇宙理论

1　超弦：万物理论

一个新的理论正动摇现代物理学的基础，它迅速地用美丽优雅且具有突破性的新数学颠覆我们珍视的和过时的宇宙观。尽管关于这个理论尚存在一些未解决的问题，但我们仍能感受到物理学家们的兴奋；世界各地的顶尖物理学家都宣称——我们正在见证一种新物理学的起源。

这个理论被称为“超弦”理论。过去10年，物理学的一系列的惊人突破促使它发展至高潮，它表明我们也许无限接近了统一场论：一个全面的联合宇宙中所有已知力的数学框架。

超弦理论的支持者甚至声称，“这个理论或许是终极‘宇宙理论’”。

尽管物理学家在对待新思想时通常很小心，但普林斯顿大学物理学家爱德华·威滕（Edward Witten）却声称，超弦理论将在未来50年主导物理学世界。他最近说，“超弦理论是一个奇迹，一个贯穿始终的理论”。在一次物理会议上，他震惊了听众，他宣称我们或许正在见证一场像量子理论诞生那样伟大的物理学革命。他继续补充，“超弦理论可能引起我们对空间和时间的新理解，是自广义相对论以来物理学最戏剧性的理解。”

甚至，那些总是小心避免科学家断言被夸大的科学杂志也将超弦理论的诞生与圣杯的发现相比。科学杂志声称，“这场革命可能不亚于数学革命中实数到复数的过渡。”

该理论的两位创造者，加州理工学院的约翰·施瓦茨（John Schwarz）和伦敦玛丽女王学院的迈克尔·格林（Michael Green）有点武断地将其称为一种万物理论（TOE）。

这种兴奋的核心是，他们认识到超弦理论可以提供一个全面的理论以解释所有已知的物理现象——从星系的运动到原子核内的动力学。该理论甚至对宇宙的起源、时间的开始，多维宇宙的存在做出了惊人的预测。

对物理学家来说，这是个令人陶醉的概念——几千年来仔细研究且痛苦地积累起来的我们物质世界的海量信息终于能被总结在一个理论中。

例如，德国物理学家编纂了一本百科全书《物理手册》，这是一份详尽的工作，总结了世界物理知识。这个手册，实际占据了图书馆的整个书架，代表了科学学习的顶峰。如果超弦理论为真，原则上，这本百科全书包含的全部信息均可由一个单一方程衍生而出。

物理学家对超弦理论特别兴奋，因为它迫使我们改变对物质性质的理解。自希腊化时代以来，科学家们一直认为宇宙是微小的点粒子组成的。德谟克利特创造了原子这个词来描述这些终极的、不可摧毁的物质单位。

然而，超弦理论假设，自然界的最终的建筑块皆由微小的振动弦组成。如果它是正确的，意味着所有物质中的质子和中子，从我们的身体到最远的恒星，皆由弦组成。没人见过这些弦，因为它们太小以至于我们无法观察（它们大约是质子的千亿分之一）。事实上，我们的测量设备太粗糙，看不到这些细小的弦，我们的世界似乎只能由点状粒子构成。

起初，用弦代替点粒子这个概念能简单地解释粒子的多样性和自然界中由粒子交换所产生的力。后来人们发现，超弦理论既全面又优雅，它能简单解释宇宙中为何会有数十亿种不同类型的粒子和物质且具有惊人的不同特征。

超弦理论可以产生一个连贯的、包罗万象的大自然的图片，类似于用一根小提琴弦可“联合”所有的音乐音调和和声规则。历史上，音乐定律是经过数千年的不同乐音的反复研究制定而出。今天，这些多样性的规则能很容易地从一张图片中推导出来，即一根弦可与不同频率共振，每一个不同频率的共振都能产生音阶中独立的音调。振动弦可产生不同的音调，更重要的是，单一振动弦的概念能解释和谐定律。

因此，小提琴弦的物理知识给了我们一个音乐音调的综合理论，并允许我们预测新的和声和和弦。同样，在超弦理论中，人们在自然界中发现的基本力和各种粒子其实只是振动弦的不同模式。例如，重力交互作用是由环形弦的最低振动模式引起的，此弦的较高激发可产生不同形式的物质。从超弦理论的角度看，没有任何力或粒子比其他任何力或粒子更重要。全部粒子都只是振动弦的不同的振动响应。因此，超弦理论作为一个单一的框架，可以在原则上解释为何宇宙中有如此丰富的粒子和原子且具有多样性。

对古代的问题“物质是什么?”的答案变得简单——物质是由粒子组成，粒子是弦的不同的振动模式，如 G 调或 F 调。由弦产生的音乐就是物质本身。

世界物理学家对这一新理论如此兴奋的根本原因是，它似乎解决了本世纪最重要的科学问题——如何将自然的四种力结合为一个综合理论。这场巨变的中心是，认识统治我们宇宙的四种基本力实际上是由超弦控制的一个单一的统一力的不同表现形式。

超弦论　四种力

力是任何能移动物体的东西。例如，磁性是一种力，因为它可使指南针指针旋转。电流是一种力，因为它可让我们的头发竖起。在过去的 2 000 年，我们逐渐意识到宇宙存在四种基本力：重力、电磁力（光）以及两种类型的核力，弱力和强力。（古人认识到的其他力，如火和风，可用这四种基本力解释。）然而，我们宇宙中最大的科学难题之一是，这四种力为何如此不同。过去的 50 年，物理学家们一直在努力解决如何将它们联合成一幅连贯的画面。

为了帮助你欣赏超弦理论给物理学家们带来的兴奋，我们需要一分钟时间对这些基本力作简单描述，以显示它们的不同。

重力是将太阳系结合在一起的吸引力，它能保持地球和其他行星在自己的轨道上运动并阻止恒星爆炸。在我们的宇宙中，重力是主导力，可延伸数万亿英里，直至最远的恒星。使苹果落地以及保持我们的脚停在地板上的力与引导宇宙中星系运动的力为同样的力。

电磁力将原子固定在一起，它使带负电荷的电子围绕带正电荷的原子核的轨道运行。因为电磁力决定了电子轨道的结构，它也支配着化学定律。

在地球上，电磁力通常很强大，甚至超过重力。例如，通过摩擦梳子或许能将桌子上的纸片吸起。电磁力抵消了纸片向下的重力，在 1×10^{-11}英寸（大致相当于原子核的大小）范围内支配其他的力。

（也许，人们比较熟悉的电磁力的一种形式是光。当原子受到干扰，原子核周围电子的运动变得不规则，电子发射光和其他形式的辐射。以 X 射线、雷达、微波或光的形式发射的电磁辐射是最纯粹的电磁辐射形式。无线电和电视只是电磁力的不同形式。）

在原子核内，弱（核）力和强（核）力超过了电磁力。例如，强力负责将原子核中的质子和中子结合在一起。在任何原子核中，所有质子都带正电。只是质子在一起，它们间的排斥（电）力会将原子核分裂。因此，强力克服了质子间的排斥力。粗略地说，只有一些元素能在强力（它倾向于将原子核固定在一起）和排斥（电）力（它倾向于撕裂原子核）间保持微妙的平衡，这有助于解释为何自然界只有大约 100 种已知元素。原子核的质子数超过 100 个，甚至，强力也难以遏制它们之间的排斥（电）力。

当强大的核力被释放出来，效果可能是灾难性的。例如，当原子弹中的铀核被故意分开，锁在原子核里的巨大能量将以核爆的形式被释放。一枚核弹每磅释放的能量超过炸药中含有能量的 100 万倍。事实上，强力产生的能量比电磁力控制的化学爆炸的能量大太多。

强力还对恒星发光的原因作了解释。星星是一个巨大的释放核原子的核熔炉。例如，太阳的能量是通过燃烧煤而非核燃料被创造，那么，只会有很小部分的太阳光被产生。太阳会迅速发出微弱的嘶嘶爆裂声，变成煤渣。没有阳光，地球会变冷，地球上的生命终将死亡。因此，没有强力，星星不会发光，不会有太阳，地球上也不会有生命。

如果强力是原子核内部唯一起作用的力，那么，大多数原子核将非常稳定。然而，我们从经验中知道，某些原子核（如铀，有 92 个质子）的质量巨大，以至于它们会自动分裂，释放出更小的碎块和碎片，我们将这个物理过程称为放射。在这些元素中，原子核是不稳定的和可解体的。因此，必然存在一个更弱的力在起作用，一个控制放射性的力，负责分解非常重的原子核——弱力。

弱力是短暂的且转瞬即逝，我们在生活中并未直接体验过它。然而，我们感受到了它的间接影响。当盖革计数器放在一块铀的旁边，我们听到的测量原子核放射性的咔嗒声是由弱力造成的。弱力释放的能量也可用于产生热量。例如，地球内部的巨大的热量，部分是由地心深处的放射性元素蜕变产生的。反过来，如果这个巨大的热量到达地球表面，可能会引起火山爆发。类似地，核电站核心释放的热量能产生足够照亮一座城市的电力，这也是由弱力（以及强力）产生的。

没有这四种力，生命将不可想象：我们身体里的原子会解体，太阳会爆裂，点燃恒星和星系的原子之火将被扑灭。因此，力的概念是一个古老而熟悉的概念，至少可追溯到艾萨克·牛顿时代。新的想法是，这些力或许只是一种力的不同表现。

日常经验表明，一个物体可以表现为各种形式。将一杯水加热，直到沸腾变为蒸汽。水，通常是液体，可以转变为蒸汽（一种气体），其性质已不同于液体，但它仍然是水。将一杯水冷冻成冰，通过撤出热，我们可以将这种液体变成固体，但它仍然是水。同样的物质，仅是在某些情况下变成了一种新的形式。

另一个更引人注目的例子是，岩石可以转变成光。在特定条件下，一块岩石可以变成巨大的能量（如果这块岩石是铀，能量可表现为原子弹）。因此，物质本身可以表现为两种形式——作为物质物体（铀）或作为能量（辐射）。

科学家们在过去的 100 年意识到，电和磁是同一个力的不同表现。在过去的 25 年，科学家才明白，弱力也能被视为同一个力的不同表现。1979 年的诺贝尔奖授予了三位物理学家，史蒂文·温伯格（Steven Weinberg）、谢尔登·格拉肖（Sheldon Glashow）、阿卜杜勒·萨拉姆（Abdus Salam），他们展示了如何将弱力和电磁力联合成一种力，称“电－弱”力。同样，物理学家现在相信另一种理论，GUT（大统一理论）可以将电弱力与强相互作用联合起来。

不过，物理学家们从未对重力有任何办法。事实上，重力与其他力具有太多的不同，以至于在过去的 60 年里，科学家们几乎绝望——无法将它和其他力联合起来。尽管量子力学惊人地结合了另外三种力，但它应用于重力时失败了。

丢失的连接

20 世纪，诞生了两个凌驾于其他理论之上的伟大理论——量子力学（解释三种亚原子力上取得了巨大成功）；爱因斯坦的引力理论，也称广义相对论。从某种意义上看，这两种理论相互对立——量子力学致力于非常小的世界，原子、分子、质子和中子；相对论控制非常大尺度的物理，宇宙尺度上星星和星系的物理。

对物理学家来说，原则上，我们可以从这两种理论得出人类对物理宇宙的知识总和。但本世纪最大的难题之一是，这两种理论是如此的不相容。事实上，在本世纪，世界上最伟大的思想家将量子力学和广义相对论结合起来的所有尝试全部失败。阿尔伯特·爱因斯坦在他生命的最后 30 年一直寻求包含重力和光的统一理论，依然以失败告终。

这两个理论都在自己特定的领域里取得了惊人的成功。例如，量子力学在解释原子的秘密时没有对手。量子力学揭开了核物理的秘密，释放了氢弹的能量，解释了从晶体管到激光器每个器件的工作原理。事实上，这个理论非常强，如果我们有足够的时间，我们可以通过计算机预测化学元素的所有性质，而不必进入实验室。然而，尽管量子力学在解释原子世界时取得了巨大成功，但它在试图描述重力时却遭遇了巨大失败。

另一方面，广义相对论在它自己的领域：星系的宇宙尺度取得了巨大成功。黑洞，物理学家认为，这是一颗巨大的垂死恒星的终极状态，广义相对论对此作出了众所周知的预测。广义相对论还预测，宇宙最初是在大爆炸中开始的，它使星系以巨大的速度彼此分离。然而，广义相对论却完全不能解释原子和分子的行为。

因此，物理学家面临着两种截然不同的理论。每种理论都采用了一套不同的数学，且都在自己的领域内做出了惊人的精确预测。同时，它们又非常独立且截然不同。

这好比大自然创造了一个有两只手的人，右手看上去与左手完全不同，功能也不同且独立。对那些坚信自然最终必定简单优雅的物理学家来说，这是一个谜，他们无法接受大自然会以如此怪异的方式运作。

这正是超弦要解决的问题，它能解决这两个伟大理论的结合问题。事实上，量子力学和相对论，是使超弦理论成立的必需。超弦是第一个也是唯一能使量子引力理论有意义的数学框架。这就好像科学家在过去60年里一直试图组装宇宙拼图，突然注意到自己忽视了一个小片——超弦。

超弦论 比科幻小说还奇怪

通常，科学家是保守的。他们接受新理论的速度较慢，尤其是那些做出的预测有些奇怪的理论。然而，超弦理论做出了任何理论从未提出过的最疯狂的预测。任何有能力将如此多的物理本质浓缩成一个方程的理论都会产生深远的物理后果，超弦理论也不例外。

[1958年，伟大的量子物理学家尼尔斯·玻尔（Niels Bohr）参加了一次物理学家沃尔夫冈·保利（Wolfgang Pauli）所做的演讲。讲演结束时，听众极不赞同，玻尔说，“我们一致认为，你的理论太疯狂。我们之间的分歧在于，它是否能达到足够疯狂。”超弦理论，鉴于它奇异的预测，一定是“够疯狂的”。]

尽管这些预测将在接下来的章节中详细讨论，我仍在这里做了简单提及，让大家看看超弦理论使现实物理看起来似乎比科幻小说还奇怪意味着什么。

多维宇宙

20世纪20年代，爱因斯坦的广义相对论提供了我们的宇宙是如何开始的最好的解释。根据爱因斯坦的理论，宇宙诞生于大约100亿—200亿年前的宇宙大爆炸。宇宙中的所有物质，包括恒星、星系和行星，初期集中在一个超致密的球中。后来，这个球剧烈爆炸，产生了我们当前正在膨胀的宇宙。这个理论与今天人们观察到的事实吻合——当前，所有恒星和星系都在向着离开地球的方向快速远离（由大爆炸的力量推动）。

然而，爱因斯坦的理论存在许多漏洞——为什么宇宙会发生爆炸？大爆炸之前是什么？理论科学家早年就意识到大爆炸理论的不完全性，因为它并未解释大爆炸本身的起源和性质。

难以置信，超弦理论预测了大爆炸以前发生的事情。超弦理论认为，宇宙最初有十个维度，而不是四个维度（三个空间维度和一个时间维度）。之后，这个宇宙在十个维度上非常不稳定，它“破裂”成两块，一个小的四维宇宙从其余部分宇宙剥离开来。类似地，我们可以想象一个肥皂泡沫在慢慢地振动——如果振动足够强，肥皂泡会变得不稳定，分裂成两个或更多更小的肥皂泡。再想象一下，最初的肥皂泡代表十维宇宙，分裂出的较小的肥皂泡代表我们的宇宙。

如果这个理论为真，意味着一定存在一个与我们的宇宙共存的“姐妹宇宙”。这也意味着，我们宇宙之初的分裂是多么剧烈，以至于它创造了我们所知的大爆炸。因此，超弦理论解释，大爆炸是“十维宇宙分裂成两片”这个剧烈转变的副产品。

你不必担心，某天，当你沿着街道走路时会“落入”另一个其他维度的宇宙，仿佛科幻小说的描述。根据超弦理论的说法，另一个多维宇宙已缩小到这样一个程度——一个人类永远无法到达的难以置信的小尺寸（大约原子核大小的千亿分之一）。因此，更高的维度是什么样子，成为了一个学术问题。从这个意义上看，在更高维度之间旅行的前景只有在宇宙起源时才有可能——那时的宇宙是十维的，故而，维度之间的旅行在物理上具有可能。

超弦论　暗物质

除了多维空间，科幻作家们还喜欢“暗物质”为自己的小说添油加醋，这是一种神秘的物质形式，与宇宙中任何物质的性质皆不同。暗物质是过去预测的，但无论科学家将他们的望远镜和仪器指向天空中的任何地方，他们仍然只发现了大约100种地球上存在的人们熟悉的那些化学元素。甚至，宇宙最远的恒星也是由普通的氢、氦、氧、碳等元素组成。一方面，这让人放心——我们知道，无论我们在外太空旅行到了哪儿，火箭船只会遇到在地球上发现过的化学元素；另一方面，知道外层空间不会有惊喜，这让人失望。

超弦理论可能会改变这一点，因为从一个十维宇宙分裂成更小的宇宙的这个过程或许创造了一种新的物质形式。这种暗物质像所有的其他物质那样有重量，只是不可见（因此得名）。暗物质没有味道，没有气味，甚至最敏感的仪器也检测不到它的存在。如果你能将暗物质抓在手中，你或许会感到它很重，否则它将完全不能被觉察。事实上，测定重量是探测暗物质的唯一方法，它与其他形式的物质没有其他已知的相互作用。

因此，暗物质也可能有助于解释宇宙的谜题之一。如果宇宙中有足够的物质，那么，星系间的引力应该会减缓它的膨胀，甚至逆转导致宇宙收缩。事实上，宇宙是否有足够的物质会导致这种逆转并最终收缩，数据存在冲突——天文学家试图计算可见宇宙中物质的总量，他们发现恒星和星系缺乏足够的物质导致宇宙收缩；其他一些计算（基于计算恒星的红移和光度）则认为，宇宙存在收缩的可能，这也被称为“失踪质量”问题。

如果超弦理论是正确的，那么，它就能解释为什么天文学家在望远镜和仪器中看不到这种形式的物质。此外，如果暗物质理论是正确的，那么，暗物质可能遍及宇宙。（确有可能，暗物质比普通物质更多。）在这方面，超弦理论不仅澄清了大爆炸前发生的事情，还预测了宇宙死亡时可能发生的事情。

超级怀疑论者

当然，任何提出如此大胆预测的理论——用弦代替点粒子以及用十维宇宙代替四维宇宙——都会招致怀疑。虽然超弦理论打开了一幅甚至让数学家都震惊的数学远景，并使全世界的物理学家感到兴奋，但人们或许需要几年甚至几十年才能建造足够强大的机器对这一理论作决定性地检验。同时，在无可辩驳的实验证据出现之前，怀疑论者将继续对超弦理论持怀疑态度，尽管超弦理论如此美丽、优雅，且独一无二。

怀疑论者，哈佛物理学家谢尔登·格拉肖（Sheldon Glashow）曾抱怨：“数十个最优秀和最聪明的人经过‘多年的紧张努力’仍未产生一个可以验证的预测，所以，我们似乎不应期待能很快取得结果。”世界著名的荷兰物理学家杰拉德·特·胡夫特（Gerard't Hooft）在芝加哥郊外的阿尔贡国家实验室发表讲演（他走得更远），他将大张旗鼓炫耀超弦理论比作美国的电视商业广告，“全是广告，内容非常少。”

的确，正如普林斯顿大学物理学家弗里曼·戴森（Freeman Dyson）曾警告的那样，就通常所说的寻找统一描述四种力的单一数学模型而言，“物理学领域里充斥着统一理论的尸体。”

但超弦理论的捍卫者指出，尽管能证明这一理论的决定性的实验或许还需要等待几年时间，但今天尚无实验与此理论矛盾。

事实上，这一理论没有对手：目前，没有其他方法可将量子理论和相对论结合起来。一些物理学家对寻找统一理论的新尝试持怀疑态度，因为过去有很多尝试遭受了失败，但这些尝试失败正是因为它们无法将引力和量子理论结合起来。超弦理论似乎解决了这个问题，它没有患上置它的祖先于死地的疾病。鉴于此，超弦理论是迄今为止最流行的能真正统一所有力的候选理论。

超弦论　历史上最大的科学机器

物理世界正接近对弱力、电磁力、强力，可能还有引力相互作用进行统一的描述，这在某些方面促进了需要创造强大机器检验这些理论的动力，为证明这些理论不是无聊的猜测而是国际社会强烈关注的焦点。

20 世纪 80 年代的大部分时间，美国政府致力于花费数十亿美元建造一个巨大的“原子粉碎机”或粒子加速器，以深入探测原子核。这台机器被称为超导超级对撞机（SSC），是史上最大的科学机器。然而，该项目在 1993 年遭到取消。

超导超级对撞机的主要任务是寻找新的相互作用以及测试统一理论，比如电－弱力理论所做的预测，可能会探测 GUT 和超弦理论的边缘。这台强大的机器会专注于寻找传说中的统一的各个方面。超导超级对撞机会消耗掉足以为一个大都市提供动力的能源，将粒子加速到万亿电子伏特以粉碎其他的亚原子粒子。物理学家们希望，被深锁在原子核内的是验证这些理论某些方面所必需的关键数据。

超导超级对撞机将主导实验高能物理学进入下一个世纪。然而，为了全面测试 GUT 理论的结果，超导超级对撞机仍然不够强大。“GUT 理论把强力和电－弱力结合起来”或者“超弦理论将所有已知的力量结合起来”，这两种预测都需要比超导超级对撞机大得多的机器。事实上，超导超级对撞机或许已能探测到这些理论的外围，帮助我们间接验证或否定这些理论的各种预测。

在实验上，由于探测 GUT 理论和超弦理论所需的能量太巨大，终极验证可能需要上升至宇宙学领域（对宇宙起源的研究）。事实上，这种统一的能量规模只有在宇宙起始时才能发生。从这个意义上说，解决统一场论的难题可能会很好地解决宇宙起源之谜。

这里，似乎我们已走到了故事的前面。一个人在建造一个房子之前，必须先打下地基。物理方面也是如此，在我们详细探索超弦理论如何统一所有的力之前，我们必须先回答一些基本问题——什么是相对论？什么是物质？统一的概念从何而来？这些问题将是以下两章的重点。

2　寻求统一

历史上，科学的发展是不连贯的。例如，艾萨克·牛顿（Isaac Newton）的伟大贡献是用他的引力理论计算行星的运动。与沃纳·海森堡（Werner Heisenberg）和欧文·薛定谔（Erwin Schrodinger）的工作有很大不同，他们用量子力学揭示原子的工作原理。此外，量子力学所需的数学和原理似乎完全不同于描述空间扭曲、黑洞和大爆炸的爱因斯坦的广义相对论。

然而，随着统一场论的发展，是时候组装这些分离的零件并整体查看了，而不仅是追求部分的总和。虽然寻求统一是最近得出的，但大多数开创性工作都始于过去20年里的工作。事后看来，用连贯的统一的概念重新分析科学上的伟大发现将成为可能。

由于统一场论产生的动力科学史正在慢慢重写——包括艾萨克·牛顿实际上发明物理学和他发现万有引力定律，几千年人类历史发展中的最重要的科学发展将变得更易解释。

天和地的统一

牛顿生活在17世纪末，当时的教会和学者相信两种截然不同的法律。管理天堂的法律是完美和谐的，而地球上的凡人却生活在粗糙和粗俗的物理定律之下。

任何坚持认为月球是非完美的、抛光的球体，或者认为地球围绕太阳旋转的人都可以被教会处死。乔治·布鲁诺（Giordano Bruno）在1600年被绑在火刑柱上烧死，只因他推测太阳只是另一颗恒星。他的结论是，“有无数个太阳，还有无限多的地球围绕这些太阳旋转……”几十年后，伟大的天文学家和物理学家伽利略·加利利不得不在死亡的痛苦中放弃自己的地球围绕太阳转动的异端言论。（即使在审判中，他被迫否定自己的科学发现，他仍低声嘀咕道：“但是，地球确实在转动！”）

所有这一切从艾萨克·牛顿开始改变，那时，他是剑桥大学一个23岁的学生。可怕的黑死病席卷了那片土地，欧洲的多数大学和其他机构关闭，他被送回家。牛顿有了很多的时间，他观察物体落到地上的运动，一瞬间，他构思了控制所有下落物体运动路径的著名理论。

牛顿是通过自问革命性的问题得出自己理论的——月亮是否也会下落？

根据教堂的说法，月亮留在天上是因为它遵守地球法律无法达到的天上法律——地球的法律是强迫物体落地，天上法律则不是。牛顿的革命性观测是——将万有引力定律扩展到天堂本身。这个异端想法的直接结论是——月球是地球的一个卫星，不是想象中的天球的运动必须保持在天空中，而是受到了引力理论的控制。

牛顿想，也许月亮是不断下落的，与石块落到地球上受着相同的定律支配，只是因为地球的下降曲率抵消了月亮的下降运动，所以月亮不会撞向地球。在他的代表作《原理》中，牛顿写下了控制卫星绕地球运行和地球与行星围绕太阳运行的定律。

牛顿画了一幅简单的图画，解释了下落的月球是地球的一个卫星的想法。想象一下，站在高高的山顶并投掷一块石头，石头最终必定会落到地上。你扔出石头的速度越快，石头落地前飞行的距离就越远。事实上，牛顿认为，如果石头被扔得足够快，它会绕地球旋转一圈后击中你的背部。就像环绕地球的岩石一样，月球只是一颗不断下落的卫星。

这幅由牛顿构思的精美图片超前了发射人造卫星3个世纪。今天，惊人的成就——太空探测器降落在火星以及飞行超越天王星和海王星

——必须归功于牛顿在17世纪后期写下的定律。

在一系列迅速且深入的研究中，牛顿发现自己的方程原则上允许他粗略估算地球到月球的距离以及地球到太阳的距离。当教会仍在教导地球静止在天上时，艾萨克·牛顿计算了太阳系的基本尺寸。

回想起来，我们可以认为牛顿发现的引力定律是科学史上的第一个“统一”——统一了天与地的法则。在地球上任何两个物体之间起作用的重力，也将人类的命运与星星联系起来。在牛顿的发现之后，整个太阳系的运动几乎能得到完全准确的计算。

此外，牛顿认为，地球上的岩石能绕地球运行而不需要天体，他能用图形的方式说明自己理论的基本原则。有趣的是，所有的科学领域的重大突破，尤其是显示力统一的突破，都能用图形的方式显示。尽管数学或许晦涩难懂且单调乏味，但统一的本质总能非常简单地用图形的方式表示。

麦克斯韦的发现

牛顿之后，我们对统一的理解的下一次重大飞跃是电和磁的统一，这发生在200年后的19世纪中期，美国内战时期。在那场毁灭性的战争中，美国陷入了混乱，大西洋两岸的科学世界也处于一个非常动荡的时期。欧洲正进行的实验表明了一个明白无误的事实，在某些情况下，磁性可以变成一种电场，反之亦然。

几个世纪以来，人们一直认为，磁力是控制海上领航员指南针的力，电力是产生闪电和走过地毯后触摸门把手时的触电的力，磁力和电力是完全不同的两种力。然而，到了19世纪中期，这种僵硬的分离分崩离析。科学家渐渐意识到，振动电场可以产生磁性，反之亦然。

这种效果很容易被证明。例如，简单地将条形磁铁推入线圈，线圈里会产生一个小的电流——变化的磁场产生了电场。同样，我们可以将这种局面反转，使电流流过该线圈从而在线圈周围产生磁场——变化的电场产生了磁场。

改变电场可以产生磁场和改变磁场可以产生电场的同一原理是使我们家庭有电的原因。在水力发电厂，水从大坝上落下至旋转连接到涡轮上的大轮。涡轮机里的大线圈在磁场中快速旋转，线圈在磁场中旋转运动时产生了电流。此后，这些电流通过几百英里长的电线进入了我们的家庭。因此，由大坝产生的变化的磁场被转换成电场，通过墙壁插座给家庭供电。

然而，在1860年，人们对这种效应还不能很好地理解。一个无人知晓的剑桥大学30岁的苏格兰物理学家詹姆斯·克拉克·麦克斯韦（James Clerk Maxwell）挑战了当时的主流思想，声称电和磁不是截然不同的力，而是同一枚硬币的不同的两面。事实上，他做出了那个世纪最惊人的发现，他发现这个观察能解开最神秘现象的秘密——光本身的秘密。

麦克斯韦知道，电场和磁场可以被可视化为渗透所有空间的“力场”。这些力场可以用从电荷发出的平滑的无限排列的“箭头”表示。例如，条形磁铁产生的力场像蜘蛛网一样伸入太空，并能诱捕附近的金属物体。

然而，麦克斯韦更进了一步。他认为，电场和磁场可以一起精确同步地振动，产生波，能在没有任何帮助的情况下独自旅行于太空。

人们可以想象以下场景：如果振动磁场产生一个电场，电场又振动产生另一个磁场，磁场振动再产生另一个电场，会发生什么？这样一个无限系列的振动电场和磁场本身运动，不是很像一个波浪吗？

如同牛顿引力定律，这个想法的实质简单且形象。例如，假设有一长串多米诺骨牌，打翻第一张多米诺骨牌会引发多米诺骨牌落下的浪潮。如果，这一行多米诺骨牌由两种类型组成，黑色和白色，带颜色的多米诺骨牌沿着这条线交替出现。此时，我们去掉黑色多米诺骨牌，只留下白色的，这个波将不能实现旅行。事实上，我们既需要白色多米诺骨牌，也需要黑色多米诺骨牌——白色和黑色多米诺骨牌相互作用，每一张都在翻转下一张，使多米诺骨牌落下的浪潮成为可能。

类似地，麦克斯韦发现，振动磁场和电场的相互作用产生了波浪。他发现，只靠电场或磁场的其中之一无法产生这种像波浪一样的运动，类似于仅有黑色或白色多米诺骨牌的情况。只有电场和磁场之间微妙的相互作用才能产生这个波。

然而，对大多数物理学家来说，这个想法似乎是荒谬的，因为没有“以太”帮助这些波传导。这些磁场是“脱离实体”的，没有传导介质，它们无法移动。

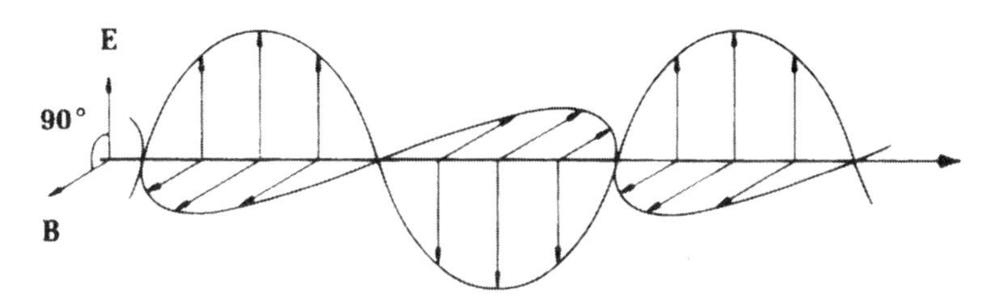

根据麦克斯韦的理论，光是由一致振荡的电场（E）和磁场（B）组成的。电场垂直振动，磁场水平振动。

然而，麦克斯韦并不气馁。他用自己的方程计算，他推导出了这个波的速度。令他吃惊的是，他发现这就是光速。不可避免的结论是，光被揭示出，只有一连串的电场变成了磁场。偶然地，麦克斯韦发现，他的方程解开了光作为电磁波的性质。因此，他是第一个发现了一个真正统一场论的人。

这是个了不起的发现，在重要性上可与牛顿对万有引力定律的发现并列。1889 年，麦克斯韦死后 10 年，海因里希·赫兹（Heinrich Hertz）通过实验证实了麦克斯韦的理论。在一次戏剧性的演示中，赫兹制造了一个电火花，并能产生一个在很远距离上可被探测的电磁波。正如麦克斯韦的预言，赫兹证明了这些自己传播的波，不需要“以太”。最终，赫兹的粗略实验发展为了我们今天称之为“无线电”的庞大产业。

由于麦克斯韦的开创性工作，从那时起，光被称为电磁力，是由电场和磁场迅速相互转换的振动产生。雷达、紫外线、红外线、无线电、微波、电视和X射线无非是电磁波采取的不同形式。（例如，当你收听自己喜欢的电台时，表盘上的指针指示99.5，表示无线电波包含的电场和磁场正以每秒9 950万次的速度相互转化。）

不幸的是，麦克斯韦在提出这个理论后不久就去世了，他没能活到足够长的时间去深度探究自己创作的独特处。然而，敏锐的物理学家在19世纪60年代就注意到了麦克斯韦方程必然需要奇异的距离和时间的扭曲。他的方程式与牛顿的理论因描述空间和时间的方式不同而完全不同。对牛顿来说，时间脉冲在整个宇宙中均匀跳动，地球上的时钟和月亮上的时钟以同样的速度跳动。麦克斯韦方程预测，在某些情况下，时钟可能会变慢。

科学家们没有意识到，麦克斯韦的理论预测了放置在移动火箭船上的时钟应该比放置在地球上的时钟慢。起初，这听起来非常荒谬。毕竟，时间流逝的一致性是牛顿系统的基础之一。但是，麦克斯韦方程需要这种奇怪的时间扭曲。

半个世纪以来，科学家们忽略了麦克斯韦方程的这个奇怪的预测。直至1905年，一个物理学家终于明白且接受了麦克斯韦理论的这种深刻的时空扭曲。这个物理学家就是阿尔伯特·爱因斯坦（Albert Einstein），他创造的狭义相对论改变了人类历史的进程。

超弦论 失业的革命者

爱因斯坦在他的一生中提出了许多革命性的想法，改变了我们看待宇宙的方式。我们总结一下，可将他的理论分成三大类：狭义相对论、广义相对论和统一场论（未完成的最伟大的科学）。

1905年，26岁，他提出了自己的第一个伟大理论——狭义相对论。对那些对科学界产生如此大的影响的人来说，他的出身是卑微的。

1900 年，这位未来世界著名的物理学家发现自己没有工作，运气非常糟糕。当更知名的物理学家在著名大学讲课时，爱因斯坦申请担任教学职位遭到了各个大学的拒绝。他刚完成了自己在苏黎世理工学院的学业，靠兼职辅导挣扎着生存。他的父亲担心儿子的抑郁，写道："我的儿子为目前的失业状况而沮丧。他越来越觉得自己的事业偏离了轨道……他认为自己是这个社会的负担，产生了很大压力。"

1902 年，在一个朋友的推荐下，他获得了瑞士伯尔尼专利局的一份卑微的工作，以支持自己妻子和孩子的家庭生活。尽管爱因斯坦资质过高，才能明显高于这份工作的要求，但事后看来，这似乎是上天最好的安排。

首先，专利局是一个安静的避难所，给了爱因斯坦太多时间思考，以研究自己的时间和空间理论。其次，专利局的工作要求他在发明者的通常措辞模糊的建议中提出关键想法。这教会了他如同之前的牛顿和麦克斯韦一样，如何从实物图片的角度思考，准确无误地瞄准使理论发挥作用的基本思想。

在专利局，爱因斯坦回到了一个在孩童时就困扰自己的问题：如果自己能以光速在一束光线的旁边奔跑，这束光线看上去会是什么样子？他猜测，光波会在时间上冻结，这样，人们就能实际上看到电场和磁场的驻波。

但当爱因斯坦在理工学院学习麦克斯韦方程时，他惊讶地发现，这些方程不接受驻波解。事实上，麦克斯韦方程预测光必须以相同的速度传播，不管你如何努力追赶它。即使一个人以巨大的速度前行，光束仍将以同样的速度领先于他——光波永远不会在静止时被看见。

起初，这似乎非常简单。根据麦克斯韦方程式，地球上的科学家和在火箭中超速行驶的科学家测量的光束的速度是相同的。也许，麦克斯韦本人在 19 世纪 60 年代写这个方程时就意识到了这点。然而，只有爱因斯坦明白这个事实的特殊重要性，因为他意识到这意味着我们必须改变我们的时空观念。在 1905 年，爱因斯坦终于解决了麦克斯韦光理论的难题。在这个过程中，他颠覆了过去的历经几千年的时空观念。

为了便于论证，假设光速为每小时 101 英里，每小时行驶 100 英里的火车与光束并排移动。事实上，在这列火车上的科学家应能测量出光速为每小时 1 英里（每小时 101 英里减去每小时 100 英里）。如此，科学家应能从容地仔细研究光的内部结构。

然而，根据麦克斯韦方程，以每小时 100 英里的速度前行的科学家测量的光速为每小时 101 英里，而不是每小时 1 英里。这怎么可能？这列火车上的科学家怎么会愚蠢地认为，光束能达到这样的速度？

爱因斯坦对这个问题给出的解决方案是古怪的，但却是正确的：他假设火车上的时钟比地面上的时钟更慢，且火车上的任何测量尺的长度都缩小了。

这意味着，这列火车上的科学家的大脑相对于地面上的科学家的大脑会变慢。从地面上某人的角度看，这列火车上的科学家测量的光束速度应该为每小时 1 英里，但实际上，火车上的科学家测量的光束速度为每小时 101 英里。因为，火车上的科学家的大脑和此列车里的一切都慢了下来。

相对论的结果——超速的物体时间必须放慢，距离必须缩短——似乎违反了常识，这是因为我们通常处理的都是远低于光速的情况。人每小时可以行走大约 5 英里——比光速慢得多。所以，人们出于各种目的，根据直觉会认为光速是无限的。光，可以在 1 秒时间内绕地球 7 次，从我们的观点来看，几乎可算为瞬间移动。

现在，想象一个光速只有每小时 5 英里的世界，相当于普通婴儿车的速度。如果光速为每小时 5 英里，那么，时间和空间经历了巨大扭曲将成为“常识”。例如，汽车每小时行驶不能超过 5 英里，而那些速度接近每小时 5 英里的人将会变平，像煎饼一样。（奇怪的是，这些缩小的汽车对于观察者来说不仅看起来变平了，还是旋转的。）此外，在这些汽车里变平的人看上去几乎静止（一动不动），时间似乎也冻结了（因为随着汽车的加速，时间会变慢）。当这些变平的汽车在红绿灯处减速时，会逐渐缩小长度，直到达到原来的尺寸，车内的时间将恢复正常。

当爱因斯坦1905年的革命性的论文发表时，该论文在很大程度上遭到了忽视。事实上，他提交这份文件是为了获得一份伯尔尼大学的教学职位，但论文遭到了拒绝。古典牛顿物理学家接受的是绝对空间和绝对时间的概念，爱因斯坦的建议也许是麦克斯韦方程悖论的最极端解。（仅几年后，当实验证据指出爱因斯坦理论的正确性时，科学界认识到这篇论文包含了天才的想法。）

几十年后，爱因斯坦坦言麦克斯韦对狭义相对论发展的重要性，他直截了当地说，“狭义相对论起源于麦克斯韦的电磁场方程。”

事后看来，我们意识到爱因斯坦能比其他人更深入接受麦克斯韦的理论，是因为他掌握了统一的原则，理解了潜在的链接看似不同对象的统一对称性。（对物理学家来说，对称性有确切的含义——如有一个方程，当你移动或转动它的分量时保持不变，它就有对称性。对称性是物理学家构建统一场论的最有力工具。更多详细信息，参见第7章。）例如，空间和时间（以及物质和能量）。就像牛顿发现地球物理和天体物理可通过万有引力定律统一，或麦克斯韦发现电和磁的统一一样，爱因斯坦统一了空间和时间。

这个理论证明了空间和时间是科学家称之为“时－空”的同一个实体的不同表现。事实上，这个理论不仅统一了空间和时间，它还统一了物质和能量。

乍看之下，在表面上，似乎没有什么东西的差别会比一个丑陋的岩石和灿烂的光芒的差别大。然而，表观具有欺骗性。爱因斯坦首先指出，在某些情况下，即使一块岩石（铀）也能变成一束光（核爆炸）。物质转化为能量的过程，通过原子分裂以实现，原子分裂将释放出储存在原子核内的巨大的能量。在爱因斯坦的意识中，相对论的本质在于物质可以变成能量，反之亦然。

空间扭曲

尽管爱因斯坦的狭义相对论在被提出后的几年内就得到了广泛的认可，但爱因斯坦并不满意这个理论。他认为，这仍然不完整，这个理论忽略了对任何重力的提及，牛顿的引力理论似乎违背了狭义相对论的基本原则。

想象一下，太阳如果突然消失会发生什么？地球甩出公转轨道需要多少时间？根据牛顿的理论，如果太阳消失，地球会立刻飞入太空深处，离开太阳系。

对爱因斯坦来说，这个结论不可接受。任何东西，包括重力，不可能快于光速。地球需要 8 分钟（太阳发出的光到达地球所需的时间）才能脱离轨道。这显然需要一个新的引力理论。牛顿的引力理论一定是错误的，因为它并未提到光速这个宇宙中的终极速度。

爱因斯坦在 1915 年提出的解决这个难题的方法是广义相对论，将引力解释为时空和物质能量的结合。虽然这个方程的数学很复杂，但这个理论可由简单的物理图像作概括。

想象一下，一个蹦床网，中间放着一个保龄球。自然地，球的重量会使蹦床网下沉。现在，考虑一个沿着弧形网表面运动的小弹球。这个小弹球不会沿着直线运动，而是在保龄球引起的凹陷周围的环形轨道上行进。

根据牛顿的说法，人们可以想象一种无形的“力”作用在保龄球和小弹球之间。然而，根据爱因斯坦的说法，更简单的解释是保龄球引起的网表面的扭曲使小弹球在圆周上运动。

现在让我们想象，这个球实际上是我们的太阳，小弹球是地球，蹦床网是空间－时间。我们忽然认识到，“重力”根本不是力，而是质量－能量（太阳）存在所引起的时空弯曲。

如果保龄球突然从蹦床网上被移走，那么，由它的移除引起的振动必然会像波浪一样沿着网的表面传播。几分之一秒之后，这个波会撞击小弹球，小弹球的路线必然发生改变。显然，这就是太阳突然消失会发生什么这个问题的解。万有引力的波以光的速度传播，在太阳消失后的8分钟到达地球。重力理论和相对论兼容了。

许多物理学家怀着怀疑的心理再次欢迎爱因斯坦的重力新理论。物理学家被爱因斯坦所说的我们生活在四维时空连续体搞晕了，现在又面临着一个更不可思议的理论——这个连续体由于物质－能量的存在而扭曲。

1919年5月29日，爱因斯坦的广义相对论在巴西和非洲的一次日全食中进行了戏剧性的测试。爱因斯坦的理论预测光束的路径（像物质一样）——当它经过太阳时会弯曲（见后图）。这意味着太阳那样巨大的物质－能量可能会扭曲时空。此星光围绕太阳的偏转是对这些想法一个戏剧性的验证。

星光路径的这种扭曲是通过日食期间比较做出的，当星星变得可见时，测量夜晚的星星位置和白天的星星位置。当科学家测量太阳的存在确实产生了星光弯曲并验证了广义相对论时，世界为之轰动。

爱因斯坦是如此确信这个物理图像和方程的正确性，以至他对日食实验的结果丝毫不感到惊讶。那年，一名学生问爱因斯坦，如果实验失败，他会有什么反应。“我会为亲爱的上帝感到遗憾，”爱因斯坦回答，“但我的理论绝对正确。”

（事实上，爱因斯坦的理论建立在严格的物理原则基础上，且有如此美丽的对称，以至于他在获得诺贝尔奖之前深信自己向前妻做出的承诺，相信她一定能得到离婚协议中自己承诺的诺贝尔奖份额。然而，当1921年爱因斯坦最终获得诺贝尔物理学奖时，诺贝尔委员会在相对论这个问题上的意见不一，尽管有大量数据支持相对论，但爱因斯坦却因其关于光电效应的理论获奖。）

今天，重力导致的光线偏移可在实验室测量，而无需将光束越过太

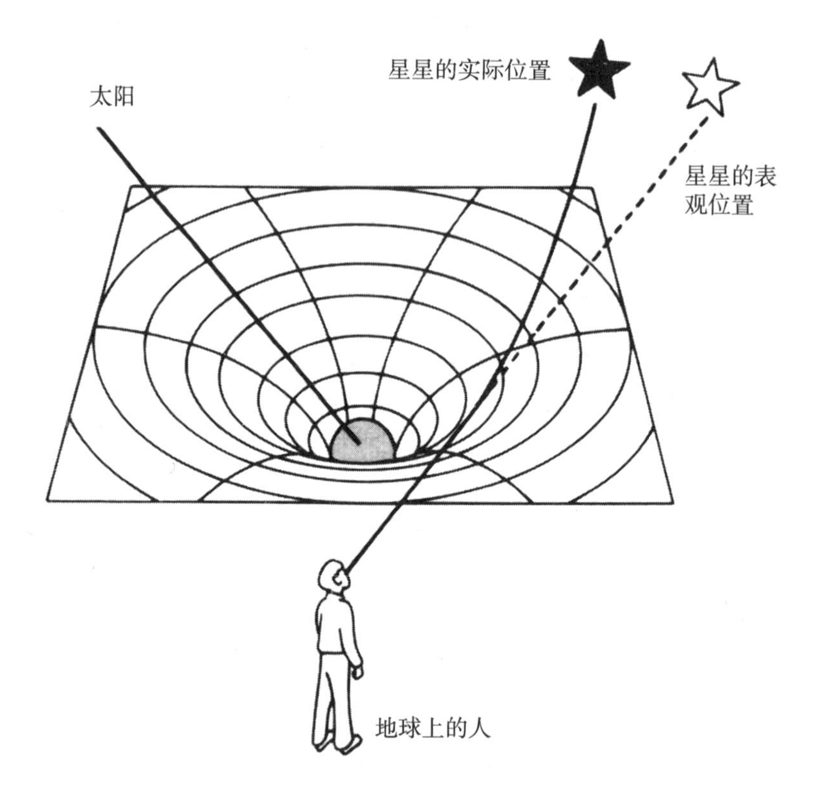

根据爱因斯坦的说法，重力使星光弯曲是因为太阳实际上扭曲了它附近的时空。图中，黑星代表恒星的实际位置，白星代表从地球上观看恒星的表观位置。

阳。在 1959 年和 1965 年，哈佛大学教授罗伯特·庞德和他的同事们表明，当伽马射线（一种形式的电磁辐射）从一个大楼顶部到底部传送 74 英尺的距离，重力会使它们的波长改变一个极小的但仍能测到的量——一百万亿分之一。这也是爱因斯坦预测的数量。

尽管多年来人们将爱因斯坦的理论成就归因于他的“天才”，事后看来，我们可以在一致性的背景下考虑广义相对论。爱因斯坦的策略类似于牛顿和麦克斯韦，即发现潜在物理原理能将两个不同概念结合在一个宇宙统一体中。

弦论超　从革命到遗物

爱因斯坦受到他早期时空理论和引力理论成功的鼓舞，开始寻找更大的猎物——统一场理论，试图将重力几何理论与麦克斯韦的光理论结合起来。

讽刺的是，尽管全世界都知道阿尔伯特·爱因斯坦与艾萨克·牛顿同样伟大（因为他敢洞察宇宙的秘密），但许多人却不知道爱因斯坦花了自己生命的最后30年，孤独、沮丧，徒劳地探索统一场论。20世纪40—50年代，许多物理学家声称，爱因斯坦已经落伍了。他们说他孤立、与世隔绝，对原子物理学（即量子理论）的新发展一无所知。一些人甚至在他背后嘲笑他衰老了，是一个追逐荒谬的疯子。甚至，与爱因斯坦工作过的高级研究所的所长J. 罗伯特·奥本海默（J. Robert Oppenheimer）也在许多场合对自己的同事说，"爱因斯坦的探索是徒劳。"

爱因斯坦自己也承认，"我通常被认为是一种石化的物体，多年来变得又瞎又聋。"在他生命的最后几年，他几乎与自己的同伴完全隔离，因为他被统一场论吸收，而不是原子物理学和量子理论的新发展。"我看起来像一只鸵鸟，"他在1954年说，"我永远把头埋在相对论的沙子里，拒绝面对那邪恶的量子。"

事实上，爱因斯坦对他的几个同事有些失望，他认为这些人目光短浅，心胸狭窄，他写道，"我对那些拿着一块木头，寻找它最薄的部分，在那些最容易钻孔的地方钻很多洞的科学家没什么耐心。"他曾对自己的秘书说，"100年后的物理学家（非当代物理学家）一定会欣赏他的劳作。"偶尔的孤独不会导致他烦恼——"我这种类型的人的本质，"爱因斯坦曾说，"在于思考什么和怎样思考，而不是做什么或遭受什么。"

当时的科学界不是试图将光与重力结合起来（大多数物理学家认为

这还为时过早，甚至不可能），而是被吸引到了一个全新的方向：原子和核物理的诞生。

历史上，从来没有一个新的科学分支预示过如此重大的事件：原子弹爆炸。突然间，一些物理学家用铅笔和纸做的无人知晓的工作开始改变人类的进程。他们的神秘方程——只有少数在新墨西哥州的洛斯阿拉莫斯实验室类似地方工作的人能理解的方程，突然变成了世界历史上举足轻重的力量。

20 世纪 30—50 年代，物理学中的主要活动不是相对论或统一场论，而是量子理论的发展。爱因斯坦的大多数同事，例如哥本哈根的尼尔斯·玻尔（Niels Bohr）和哥廷根的沃纳·海森堡（Werner Heisenberg）都忙于构建描述原子和核现象的数学语言：量子力学。那个时代，爱因斯坦几乎是独自一人追求着光与重力的统一。

有人认为，爱因斯坦一生犯了一个最大的错误，拒绝量子力学。然而，这是不了解爱因斯坦科学思想的科学历史学家和记者所特有的错误。其原因是，这些历史学家中的大部分人不懂用于描述统一场论的数学。

50 年前发表的爱因斯坦作品的一份仔细的科学读物并未显示他的过时，而是揭示了他的方法的现代化。这些文件清楚地表明爱因斯坦最终接受了量子力学的有效性。然而，他个人认为，量子力学是一门不完全的理论，如同牛顿引力理论那样为真，只是不完整。

爱因斯坦相信量子力学虽然很成功，但绝非最终的理论。他后来的科学工作在很大程度上遭到了非科学家和历史学家的忽视。这些工作表明，他相信统一场论存在一个副产品，可完美解释量子力学的特征。爱因斯坦认为，亚原子粒子和原子只会作为他的重力和光的几何理论出现。

遗憾的是，爱因斯坦在追求这一概念，即自然界中的各种力最终必然通过某些物理原理或对称性联系在一起的过程中去世了。甚至，在他去世 40 年后，大部分他的传记作者仍然跳过了他最后几年的物理学研究，忽略了他寻找统一场论时走进过的死胡同，而是集中着墨于他对核裁军的热心。

弦论切题 爱因斯坦的错误

虽然物理学家不能完全理解将四种基本力结合成一种理论所需的必要细节，但他们却明确地知道爱因斯坦构建统一场论一定会遇到的麻烦。

爱因斯坦曾说，在他的相对论中，放置在宇宙中的不同地方的时钟以不同的速率跳动，但现实生活里的他买不起家里的时钟。爱因斯坦用这种方式揭示了自己获得伟大发现的方法——用物理图像思考。数学，无论多么抽象或复杂，总是后来出现的，它只是作为一种工具将这些物理图像翻译成精确的语言。爱因斯坦构思的图像是如此的简单和优雅，以至于它们可以被公众理解。数学可能是模糊且复杂的，但物理图像总是简单美丽。

爱因斯坦的一位传记作者指出，“爱因斯坦总是从最简单的可能的想法开始，然后，他会将它放在适当的背景下描述。这个直观的方法就像画一幅画一样，一种经验教会了我知识和理解的区别。”

由于爱因斯坦具有敏锐的洞察力，他能比其他人看得更远。正是爱因斯坦伟大的绘画洞察力使他提出了相对论。30 年来，在物理学中，他一直是巨人，因为他的物理图像和构思能力始终正确无误。然而，讽刺的是，在过去的 30 年里，爱因斯坦没能创造出统一场论，因为他放弃了这种概念性的方法转而求助于没有任何清晰视觉图像的模糊数学。

当然，爱因斯坦意识到自己缺乏指导性的物理原理。他曾经写道，“我相信，为了取得真正的进展必须再次从自然中寻找某些一般性的原理。”然而，不管他多么努力，都无法思考出一个新的物理原理，所以他逐渐变得痴迷于纯数学方向，如“扭曲”几何形状是缺乏物理内容的奇异数学结构。最终，他未能创造统一场论这个他研究的中心，因为他偏离了自己的原始路径。

回顾过去，我们看到超弦理论可能是爱因斯坦多年来一直回避的物理框架。超弦理论非常图像化，包含了无穷多个粒子作为振动弦的模式。如果这个理论兑现了它的承诺，我们会再次看到，最深刻的物理理论可以用一个令人惊讶的简单的图像化的方式来描述。

爱因斯坦追求统一是正确的。他相信一个潜在的对称性是所有的力统一的根源。然而，他使用了错误的策略，试图联合引力和电磁力（光），而不是联合核力。爱因斯坦试图联合这两种力是自然的，因为这是他有生之年的重点研究对象。他有意识地选择忽略核力，这也许可以理解，因为在那时它是最神秘的。同时，他更不喜欢描述核力的理论——量子力学。

相对论揭示了能量、重力和时空的秘密；而主宰20世纪的另一理论是量子力学，是一门物质理论。简单来说，量子力学通过联合波和粒子的双重概念成功地描述了原子物理学。但爱因斯坦并未意识到统一场论的关键在于相对论和量子力学的结合。

爱因斯坦是理解力的大师，但他对物质的理解薄弱，特别是对核物质理解薄弱。接下来，我们谈谈这个问题。

3 量子谜题

20 世纪初，一系列挑战牛顿物理学的新实验引起了科学界的混乱。世界见证了从旧秩序的灰烬中浮现出新物理的阵痛。然而，在混乱中出现了两种理论，而不是一种。

爱因斯坦开创了第一个理论——相对论——并集中他的全部努力理解重力和光这些力的性质。然而，理解物质本质的基础是被第二个理论——量子力学——奠定的，它控制亚原子世界的一切现象，由沃纳·海森堡（Werner Heisenberg）以及他的合作者创建。

两个物理学巨人

在许多方面，爱因斯坦和海森堡的命运是奇怪地互相交织的，尽管他们创造的统一理论完全不同。他们都是德国人，是革命性的破坏传统的人，挑战他们前辈的既定智慧。他们是如此彻底地主宰了现代物理学，以至于他们的发现将决定半个多世纪的物理进程。

他们在惊人的年轻时代就做出了最好的工作。爱因斯坦发现相对论时只有 26 岁；海森堡制定大部分量子力学定律时只有 24 岁（21 岁，完成博士学位），他获得诺贝尔奖时只有 32 岁。

两人都沉浸在世纪之交孕育了德国艺术和科学繁荣的知识传统中。大多数有抱负的梦想成为一流物理学家的科学家都进行过德国朝圣之旅。[20 世纪 20 年代末，一位美国物理学家，不满意美国的原始物理水平，奔赴德国哥廷根学习，师从量子力学大师。这位物理学家 J. 罗伯特·奥本海默（J. Robert Oppenheimer）此后建造了第一颗原子弹。]

两个人物的命运也都被德国历史的黑暗的一面——普鲁士军国主义传统和独裁触动。1933 年，法西斯主义开始越来越明显时，爱因斯坦作为一个犹太人，为了自己的生命逃离了纳粹德国。然而，海森堡留在德国，甚至参与了希特勒的原子弹项目。事实上，德国的世界著名物理学家，比如海森堡的存在有助于说服爱因斯坦在 1939 年写了一封著名的给富兰克林·罗斯福总统的信，敦促他制造原子弹。几年前，OSS（中央情报局的前身）的前代理人曾揭示了盟国非常害怕海森堡，他们起草了必要时暗杀他的周密计划，阻止德国人制造原子弹。

除了个人命运，他们的科学创造也有着错综复杂的联系。爱因斯坦的杰作是广义相对论，它回答以下问题——时间有开始和结束吗？宇宙最远点在哪儿？最远的地方之外有什么？创世之初发生了什么？

相比之下，海森堡和他的同事，如欧文·薛定谔（Erwin Schrrdinger）以及丹麦物理学家尼尔斯·玻尔（Niels Bohr）精确地提出了相反的问题——宇宙中最小的物体是什么？物质能无限制地分成越来越小的块吗？在提出这些问题的过程中，海森堡和他的同事创造了量子力学。

在许多方面，这两种理论似乎是对立的——广义相对论涉及星系的运动和宇宙，量子力学探索亚原子世界；相对论主要是一种连续填满所有空间的力场理论（例如，重力场可以与延伸到太空外层的像卷须一样的薄纱相比）；相反，量子力学主要是原子物质的理论，它比光速慢得多。在量子力学的世界，一个力场仅是看上去平滑和连续地占满了所有的空间。如我们仔细研究，会发现它实际上是被量化为离散的单位。例如，光由称为量子或光子的微小能量包组成。

两种理论本身都不能令人满意地描述自然。爱因斯坦徒劳地将相对论推到断裂点，表明相对论本身并不能成为统一场论的基础。量子力学没有相对论也不满意，量子力学只能用于计算原子的行为，不能计算星系和膨胀宇宙的大规模行为。

然而，将这两种理论融合在一起，耗费了数十位理论物理学家近半个世纪的巨大精力。直至最近几年，物理学家借助超弦理论或许最终实现了它们可能的综合。

超弦论 普朗克——不情愿的革命者

量子理论诞生于1900年，当时，物理学家发现了让他们迷惑的被称为“黑体辐射”的东西。例如，我们无法解释为什么一根钢筋被加热到高温时会发光，热得发红，然后热得发白，或者为什么岩浆从火山喷发出时热得发红。

假设光纯粹地像波浪那样，可以在任何频率振动，他们发现自己的理论不能预测热得发红和热得发白的颜色。这种困惑被称为“紫外线灾难”（其中紫外线只是指高频辐射），多年来一直困扰着科学家。

1900年，德国物理学家马克斯·普朗克（Max Planck）找到了解决这个问题的办法。他是柏林的一名教授，在那里正进行一些关于黑体辐射的精确实验。一个星期天，他和妻子招待一些实验物理学家。海因里希·鲁本斯（Heinrich Rubens）是其中之一，他无意地告诉了普朗克自己关于黑体辐射的最新发现。鲁本斯离开后，普朗克意识到自己可以通过数学技巧推导出一个正确拟合鲁本斯数据的方程。他为他的新理论感到兴奋，那天晚上，他给鲁本斯寄了一张明信片，告诉他自己的发现。

当普朗克在那个月向柏林物理学会展示他的成果时，他非常谦虚，只有一半的人相信他提出的理论的意义。他提出辐射并非如物理学家所想的那样，完全像波浪，而是以确定的离散包形式的能量转移。普朗克在自己 1900 年 12 月的论文中提醒道，“实验将证明这个假设在自然界中是否成立。”

普朗克意识到物理学家从未见过能量的粒状性质，因为每个包的“尺寸”非常小（由数字 $h = 6.5 \times 10^{-27}$ erg sec 确定，现称“普朗克常数”）。这个数字实在太小，因此，我们从未在日常生活中看到量子效应。

物理界对普朗克的新想法和它的逻辑结论，光不是连续的而是粒状的持强烈的怀疑态度。光可以被劈成像粒子一样的“量子”碎片被认为非常荒谬。

5 年后，1905 年，爱因斯坦（仍是一位默默无闻的物理学家）写下光电效应理论，将量子理论推向了下一个关键步骤。普朗克是一个不情愿的，几乎是胆小的革命者，这是 19 世纪物理学家典型的气质；爱因斯坦则大胆地提出了自己的理论，在新的方向上大步跨出。

爱因斯坦利用普朗克关于量子的奇怪理论猜想，当光粒子撞击金属时会发生什么？如果光是遵循普朗克理论的粒子，那么，它应该从金属中的一些原子中将电子反弹出去，并产生电。然后，爱因斯坦用普朗克常数计算出了弹出的电子能量。

实验物理学家很快就验证了普朗克定律和爱因斯坦方程。普朗克在 1918 年因其量子理论获得诺贝尔奖，随后，爱因斯坦于 1921 年因提出光电效应获得诺贝尔奖。

今天，我们受益于量子光电效应的应用。举例来说，电视成为可能正是因为这个发现。电视里的摄像机利用光电效应记录金属表面上的图像。光线通过相机的透镜进入相机撞击金属，并产生特定的电模式，然后转换成电视波打到家用电视机上。不同于普通的照相机胶片仅暴露一次，这种金属可以重复使用，因此可以捕捉运动图像。

弦论超　量子食谱

几千年来，人们一直认为粒子和波是不同的实体。然而，至本世纪初，这种区别崩溃了。普朗克和爱因斯坦不仅展示了光（波）有明确的粒子状特性，电子实验也显示粒子呈现出波状特征。

1923 年，一位年轻的法国王子和物理学研究生，路易·德布罗意（Louis de Broglie）写了一个“物质波”应该服从的基本关系，说明电子应像光波一样有一个确定的频率和波长。

然而，威尼斯物理学家欧文·薛定谔在 1926 年走出了决定性的一步。薛定谔被德布罗意写下的方程所鼓舞，写下了这些波应服从的完整的方程（称薛定谔波动方程），这是一个几乎由海森堡同时写下的不同形式的理论。从此，普朗克、爱因斯坦和玻尔的旧的量子理论转变成成熟的薛定谔和海森堡的成熟的量子力学。

1926 年以前，科学家认为，试图预测世界上最简单的化合物的化学性质是不可能的。1926 年以后，物理学家从完全无知变为几乎完全理解了控制简单原子的方程。量子力学的力量太巨大，原则上，所有的化学都能归结于一系列方程。

对物理学家来说，使用薛定谔波动方程就像按照一本精心制作的食谱进行烹饪，因为它能准确地告诉你应混合多少种成分，搅拌多长时间，以确定原子和分子的确切性质。尽管对越来越复杂的原子和分子，薛定谔波动方程的求解将变得困难，但如有足够大的计算机，我们可利用这个方程推断出所有已知化学物质的性质。事实上，量子力学比普通的烹饪书强大多了，因为它还允许我们计算自然界中尚未被我们发现的化学物质的性质。

晶体管、激光和量子力学

量子力学在我们身边无处不在。没有量子力学，大量熟悉的物体，如电视、激光、计算机和无线电将不复存在。例如，薛定谔波动方程解释了许多以前已知的但令人困惑的事实，如导电性。这个结果最终导致了晶体管的发明。如没有晶体管技术，现代电子和计算机技术将不复存在，晶体管是纯量子力学现象的结果。

例如，在金属中，原子以有序的方式排列在格子里。薛定谔方程预测金属原子中的外层的电子与原子核是松散结合的，事实上，可以在整个晶格中自由漫游。甚至，最小的电场也能推动这些电子围绕晶格运动——产生电流，这也是金属导电的原因。然而，对于橡胶和塑料，外部电子的束缚更紧密，没有这种自由漫游的电子以产生电流。

量子力学还解释了半导体材料的存在，有时能像导体那样工作，有时又像绝缘体。因此，半导体可以用作控制电流的放大器。如同水龙头是通过简单的扭转腕关节控制水流一样，晶体管控制电流。今天，晶体管控制我们个人电脑、收音机、电视等电器中电的流动。对晶体管的发明，三位量子物理学家分享了1956年的诺贝尔奖，他们是约翰·巴丁(John Bardeen)、威廉·肖克利（William Shockley）和沃尔特·布拉顿(Walter Brattain)。

量子力学催生了另一项发明——激光，它正在改变我们的经营工业和商业方式。

量子力学首次解释了氖和荧光灯工作的原理。在霓虹灯中，电流通过气体管，激励气体原子，将它们的电子踢到更高的轨道，或者更高能级。现在，气体原子中的电子处于“兴奋”状态，想衰变回它们原来的能量较低的状态。当电子最终衰变回较低的轨道时，释放能量并发光。

在灯泡中，被激发的原子随机衰减。事实上，我们周围所有的光，包括太阳光，都是随机的或者是不相干的，以不同频率和不同相位辐射振动的疯狂的大杂烩。物理学家，如20世纪80年代加州大学伯克利分校的查尔斯·汤斯（Charles Townes）利用量子力学预测在某些情况下，被激发的原子可立即衰减成精确同步状态。这种新型辐射被称为“相干辐射”，在自然界中从未见过。1954年，汤斯和他的同事成功地产生了相干辐射脉冲，那是有史以来最纯粹的辐射形式。

尽管汤斯的开创性工作是微波辐射（他因此获得了1964年的诺贝尔奖），但科学家们很快就认识到他的理论还适用于光。虽然巴克·罗杰斯（Buck Rogers）式的射线枪以及能射进核导弹的光束远超出了我们目前的能力，但商业激光已可用于切割金属、传输通信、外科手术，每天都有新的应用被发现。例如，医生们正使用细玻璃丝传送光能烧掉心脏病人人体静脉中的脂肪沉积。激光唱片改变了立体声录音机的制造方式，许多超市的结账柜台都开始使用激光瞬间读取产品包装上的黑线条形码。

也许，激光最壮观的商业应用将会是三维电视的制造。今天，发布的签证卡上已有鸟的三维立体“全息图”图像。可以想象，将来，我们的电视屏幕是非平面的三维球体，我们可以看到三维人在四处走动。我们的儿孙可能在他们的起居室里看到三维电视，赞美量子力学。

除了晶体管和激光器之外，还有其他数百个重要发现应归功于量子力学。仅举几个例子：

◆电子显微镜。电子显微镜利用电子像波一样的性质可以看到病毒大小的物体。数百万人已直接受益于这个应用到医学上的量子力学发明。

◆解开DNA分子的密码。X射线衍射和其他探针用来确定这些复杂有机物的分子结构。最终，从这些分子的量子力学研究中可能会发现生命本身的秘密。

◆核聚变机。这些机器将利用太阳的核反应在地球上创造巨大的能量。尽管核聚变机还有许多实际未解决的问题，但最终它们或许能提供一种几乎无限的能源。

毫无疑问，量子力学的成功已改变了医学、工业和商业的基础。具有讽刺意味的是，量子力学的实际应用如此明确，但它本身却代表非常大的不确定性。简而言之，量子力学在物理世界投下了一颗炸弹，结果是令人震惊的。“任何未被量子理论震惊的人，”尼尔斯·玻尔声称，“只是对它缺乏理解。”

海森堡测不准原理

1927 年，沃纳·海森堡提出，不可能同时知道一个物体的速度和位置。一个波浪毕竟是一个模糊的物体，如果我们站在海滩，如何精确计算海波的速度和位置？不能！我们永远无法同时准确地知道一个电子的位置和速度，这也是薛定谔方程的一个直接解。

根据海森堡的说法，这种不确定性的产生是因为在亚原子领域观察一个物体位置和速度变化这个动作本身。换句话说，测量一个原子系统的过程对该系统的干扰非常大，以至于改变了它的状态，使系统的状态定量地不同于它在测量前的状态。例如，一个电子是很小的，要测量它在原子中的位置，光子必须打到这个电子上。然而，光很强大，它能将电子推出原子，改变电子的位置和地点。

人们会争辩，使用更好的测量设备测量电子的速度和位置，可以不发生改变吗？根据海森堡的说法，答案是否定的。量子力学断言，我们永不可能同时知道单个电子运动的准确速度和位置，不管我们的测量装置多灵敏。我们可以知道一个条件或者另一个，但不能同时都知道，这叫海森堡测不准原理。

弦论超 决定论的垮台

牛顿认为，宇宙就像一个巨大的时钟，上帝在时间开始时为时钟上足了发条。从那以后，它一直根据牛顿提出的三个运动定律嘀嗒作响。这个理论被称为牛顿决定论，该理论指出运动三定律可以在数学上决定宇宙中所有物体的精确运动。

法国数学家皮埃尔·西蒙·拉普拉斯（Pierre Simon Laplace）更进了一步，他相信所有未来的事件（不仅是哈雷彗星和未来的日食，甚至未来的战争和非理性人类决策）都能预先计算，只要所有原子在时间开始时的初始运动为已知。例如，决定论最极端的形式是，数学公式能提前计算出10年后的今天你会去哪家餐馆吃饭，你会点哪些菜品。

此外，根据这种观点，可以事先确定我们是死于天堂还是地狱，没有自由意志。（当拉普拉斯写下他的代表作《天体力学》时，拿破仑问他，为什么没有提到造物主。拉普拉斯回答，“我不需要那个假设。”）

然而，根据海森堡的说法，所有这些都是无稽之谈，我们的命运不会被单一地封闭在量子天堂或地狱。不确定性原则使我们不能预测单个原子的精确行为，更别说宇宙了。根据这个理论，在亚原子领域，只能计算概率。例如，由于不可能知道电子的速度和确切的位置，所以很难预测电子的个体行为。但是，我们能非常精确地预测大量电子表现出某种方式的概率。

例如，想象一下，数百万学生参加每年的大学入学考试。很难预测每个个人在考试中的表现，但我们能以不可思议的准确性预测他们的平均成绩。事实上，平均成绩的钟形曲线每年变化极小。因此，我们可以在考试前预测数百万学生在考试中的平均分数，却不能预测任何一个学生的单一结果。

同样，在单个放射性铀核的情况下，我们知道它不稳定并最终会瓦解，但我们永远不能准确预测它何时以什么能量衰减。不进行原子核状态的实际测量，量子力学不知道它是完好无损的，还是已经蜕变的。事实上，量子力学描述一个单核的方式是假设它是这两种状态的混合。因而，一个铀原子核在被测量之前，物理学家认为，它是处于完好无损和蜕变之间的幽冥状态。

弦论 超 好奇害死了猫

尽管科学家在实验室里从未见过违反量子力学的情况，但该理论不断违反“常识”。由量子力学引进的概念实在新奇，以至于欧文·薛定谔在 1935 年设计了一个巧妙的“思维实验”，捕捉到了它的明显荒谬。

想象在盒子里有一瓶毒气和一只被困的猫，盒子不允许被打开。显然，我们不能窥视盒子的内部，我们只能说猫也许死了，也许活着。现在，想象一下，那瓶有毒气体被连接到能探测铀矿石辐射的盖革计数器（单个铀原子核分解释放辐射，将引发盖革计数器，接下来瓶子会被打破猫会死亡）。

根据量子力学，我们不能确切地预测一个铀原子核何时解体。我们只能计算数十亿个原子核瓦解的概率。因此，描述单个铀原子核，量子力学通常假设它为两种状态的混合物——一种状态是铀核是惰性的；另一种状态是已经衰变。猫则由含有猫无论是死是活的概率的波函数描述。换句话说，我们必须在统计上假设猫是两种状态的混合体。

当然，一旦我们被允许打开盒子做测量，我们可以确定猫是死了还是活着。但在盒子被打开之前，根据概率，猫在统计上处于生死未卜的状态。打开盒子的行为决定了猫是死是活——根据量子力学，事实上，正是这种测量过程本身决定了猫的状态。量子力学暗示，物体在被观察到之前，存在于不确定的状态（例如死亡或活着）。

爱因斯坦被量子悖论的含义困扰，比如薛定谔的猫。他写道，“这会允许这样吗?”爱因斯坦像牛顿那样坚信客观现实，认为物理宇宙存在于精确的状态，独立于任何测量过程——测量只是确定状态的过程，不会影响结果。

量子力学的引入捅开了一个哲学思想的马蜂窝，从那以后，一直嗡嗡作响。

超弦论 哲学与科学

科学家一直对哲学感兴趣。“没有认识论的科学，”爱因斯坦晚年写道，“是迟钝和糊涂的。”的确，年轻时，爱因斯坦和几个朋友成立了奥林匹亚学院，一个非正式的学习哲学的小组。欧文·薛定谔在发表波动方程的前几年，决定暂时放弃物理的职业而倾向于哲学。马克斯·普朗克在他的书《物理学哲学》中写了自由意志和决定论。

尽管量子力学科学家在亚原子水平上进行的每一个实验都取得了决定性的胜利，但它仍然提出了一个古老的哲学问题——森林中的一棵树倒下，如果没人听道，它会发出声音吗? 18 世纪哲学家，如伯克利主教和唯我论者会回答“不”! 对唯我论者来说，生活是一场梦，除了梦想家并不实际存在。一张桌子只有当一个有意识的人观察它时，它才存在。笛卡尔曾说:“我想，我适用于唯我论者。”

另一方面，自伽利略和牛顿时代以来，科学的所有重大进步都认为，树落下是客观事实且会发出声音——物理定律客观存在且不由主观观察决定。

然而，量子物理学家——把他们的陈述建立在有效且非常成功的数学公式上——上升到了哲学高度，“不进行测量，现实是不存在的。”换句话说，观察过程创造现实。

起初，传统物理学家对这种新的世界观表示怀疑。的确，量子力学的创始人表达了他们的担忧，因为这迫使他们放弃牛顿物理学的古典世界。海森堡会记得自己在1927年深夜与玻尔的对话，几乎陷于绝望。他独自在公园散步，散步期间海森堡反复问自己一个问题——自然像这些原子实验中看起来的那样荒谬吗？但量子物理学家全心全意地接受了这一新理论，就像今天的许多物理学家一样，它控制了未来45年物理学的进程。

然而，有一个物理学家从未接受过量子理论对现实的看法，他是爱因斯坦。他反对量子力学有几个原因。首先，他不认为概率是整个理论的有效基础。他不能接受将纯粹的偶然因素构建到概率理论中。“量子力学给我印象深刻，”他写信给马克斯·伯恩，“……但我深信，上帝不会掷骰子。”

其次，爱因斯坦相信量子理论是不完整的。他争辩，“以下完整理论的要求似乎是必要的：物理现实的每一个元素都必须在物理理论中有一个配对物”，“量子力学在这方面失败了，它只能处理群体行为，而无法详细解释个别事件的理论体系”。

此外，爱因斯坦坚信因果关系，不能接受对宇宙的非客观看法。面对量子力学的实验成功，爱因斯坦给伯恩的信中写道：“迄今，我仍然相信客观真实性，然而目前，实验成功与此背道而驰。”

爱因斯坦几乎是独自一人持反对态度，其他的物理学家纷纷加入了量子潮流。直到死亡，他也认为量子理论是不完整的。爱因斯坦给一位朋友的信中写道：“在同事眼里，我变成了顽固的异教徒。”然而，这似乎并不会对他产生什么干扰。大多数人的意见仍不能使他动摇，爱因斯坦指出，“以牛顿的古老引力理论为例，它成功了200多年才被揭示出是非完整的。”

应该强调的是，爱因斯坦确实接受了量子力学的数学方程。然而，他认为量子力学是一个潜在理论（统一场论）的不完整表现。他从未放弃寻找一种理论将量子现象和相对论结合起来。当然，他未能活着看到超弦理论可能会变成这样的理论的那天。

弦论超 实用主义规则

20世纪30—40年代，量子力学盛行。也许，世界上99%的物理学家在一个阵营，爱因斯坦却坚定地站在了另一边。

少数科学家，包括诺贝尔奖获得者物理学家尤金·维格纳（Eugene Wigner）采取的立场是，测量意味着某种类型的意识。他们争辩，只有有意识的人或实体才能进行测量。因此，根据这少数人的看法，由于量子力学中所有的物质的存在都取决于测量，所以宇宙的存在取决于意识。

这不一定是人类的意识——它可以是宇宙中其他地方的智能生命，也许是外星人的意识，或者上帝的意识。自量子力学模糊了被测物体和观测者的区别以来，也许，根据他们的观点，当观察者（一个有意识的生物）首次观察时，这个世界可能会突然出现。

然而，绝大多数物理学家持务实的观点，即测量确实可以在没有意识的情况下进行。例如，照相机可以进行测量而无需“意识”。一个穿越银河系的光子的状态是不确定的，但一旦它击中相机镜头并曝光一片胶片，状态将被确定。因此，相机镜头执行的功能类似测量者。在光束击中相机之前，它处于混合状态，相机曝光胶片确定了光子的精确状态。显然，测量并非一定在有意识的观察者的情况下才发生，更不由意识决定。

[顺便说一句，超弦理论可能提供了全面看待薛定谔的猫的方式。通常，在量子力学中，物理学家会写某个粒子的薛定谔波函数。然而，超弦理论的完整的量子力学描述要求我们写出整个宇宙的薛定谔波函数。以前的物理学家写一个点粒子的薛定谔波函数，超弦理论要求我们写时空，也就是宇宙的波函数以及宇宙中所有粒子的波函数。当然，这并不能解决与薛定谔的猫有关的所有的哲学问题，但它意味着原始问题的提法（处理盒子里的猫）可能是不完整的。薛定谔的猫的问题的最终

解决方案，可能需要我们对宇宙有更详细的了解。]

大多数物理学家享受了50年量子力学的巨大成功。我想起了第二次世界大战后在洛斯阿拉莫斯工作的年轻的物理学家，伟大的匈牙利数学家约翰·冯·诺依曼（John von Neumann）回答一个年轻人的困难的数学问题。

冯·诺依曼回答，“简单，可以通过使用特征法求解。”

年轻的物理学家回答说：“恐怕，我不懂特征法。”

“年轻人，”冯·诺依曼说，“在数学中，你不懂的事情，只是习惯它就行。”

弦论 超 没有相对论，量子力学是失败的

撇开哲学问题不谈，20世纪30—40年代，量子力学就像一辆势不可挡的麦克卡车行驶在高速路上，将困扰物理学家几个世纪的所有问题变得简单。一个傲慢的年轻量子物理学家保罗·迪拉克（Paul Dirac）激怒了许多化学家，他狂妄地说，“量子力学可将化学中的一切简化为一组数学方程。”

然而，量子力学本身并不是一种完全的理论。我们应该小心地指出，只有当物理学家用量子力学分析那些比光速低得多的微观世界时它才起作用。当它试图包含狭义相对论时，麦克卡车撞上了砖墙。

从这个意义上说，量子力学在20世纪30—40年代的恢弘的成功只是侥幸。氢原子中的电子的速度通常比光的速度低很多。如果大自然创造的原子的电子速度接近于光速，狭义相对论将变得越来越重要和正确，量子力学却显得不那么成功了。

在地球上，我们很少能看到接近光速的现象。量子力学在解释日常生活方面很有价值，比如，激光器和晶体管。然而，当我们分析宇宙中超快速的和高能粒子时，量子力学将让步于相对论。

想象一下，在赛道上驾驶丰田汽车如出现以下情况——车速慢于每小时100英里时，车会表现得良好；当你试图以每小时150英里的速度行驶时，汽车可能会抛锚甚至失控。这并不意味着我们对汽车工程的理解已经过时，车必须被扔掉；相反，对于超过每小时150英里的速度，我们需要一辆经过彻底改装的汽车使其能应付如此高的行进速度。

同理类推，当处理远低于光速的速度时，狭义相对论可以忽略，科学家们发现此时的测量与量子力学的预测一致。当处理高速问题时，量子理论失效了，量子力学必须与相对论结合。

量子力学和相对论的第一次联姻是个灾难，当时，创造了一个疯狂的理论（称“量子场论”）。几十年来，它仅产生了一系列毫无意义的结果。例如，每一次，物理学家试图计算电子碰撞会发生什么时，量子场论都会预测电子碰撞为无限值。

量子力学和相对论的完全结合，必须包括狭义相对论和广义相对论，这是本世纪的一个重大的科学问题，只有超弦理论声称能解决它。

仅只有量子力学是有限的，就像19世纪的物理学家，只针对点粒子而不是超弦。

高中，我们学习力场，如重力场和电场服从“平方反比定律”——距离粒子越远，重力场和电场越弱。例如，离太阳越远，引力作用越弱。然而，这同时意味着，当人们接近粒子时，该力会急剧上升。事实上，在一个点粒子的表面，点粒子的力场必须是零平方的倒数，也就是1／0。然而，像1／0这样的表达式是无限的，定义不清。这足以使理论变得无用，包含不定式的理论无法计算，因为结果不可信。

不定式的问题困扰了物理学家50年。只有超弦理论出现，这个问题才能得到解决，因为超弦消除了点粒子，用弦替换了它们。海森堡和薛定谔所做的最初假设——量子力学应该建立在点粒子上——太严格了。一个新的量子力学可以建立在超弦理论的基础上。

然而，设法将狭义和广义相对论与量子力学结合起来的理论的机制只能在弦中被发现其迷人的特征，我们将在下面的章节详细讨论。

4　无穷大之谜

保险箱窃贼和理论物理学家有什么共同之处？理查德·费曼（Richard Feynman）是一个成功的保险箱窃贼，他打开了世界上防护最严密的一些保险箱，他也是世界著名的物理学家。根据费曼的说法，保险箱窃贼和物理学家都擅长通过看似随机的线索或者拼凑的微妙的模式找到问题的答案。

自 20 世纪 30 年代以来，物理学家们一直被一种令人沮丧的情绪吞噬——无法破解量子场论“保险箱”的任务，无法找出成功结合量子力学和相对论的关键。然而，在过去的 20 年，物理学家终于真正从原子对撞机的实验数据中发现了诱人线索，形成了系统的模式。

今天，我们意识到，这种模式可以表达为一种潜在的数学对称性将看似完全不同的各种力联系起来。我们将看到，这些对称性可在抵消量子场论中的分歧中发挥中心作用。发现这些对称性可以抵消这些差异也许是过去半个世纪物理学中最伟大的一课。

超弦论　费曼的恶作剧

这种利用对称性以及在任何问题中提取关键因素的技巧导致费曼在 1949 年得出了第一个量子力学与狭义相对论的成功结合。为此，他和他的同事获得了1965年的诺贝尔奖。

这个理论被称为“量子电动力学（QED）”。以今天的标准看，这只是一个微薄的贡献，只处理光子（光）和电子（而不是弱核力或核力，更不是重力）的相互作用。但它标志着，科学家经历了多年的挫折之后，在结合狭义相对论与量子力学过程中取得了第一个重大进展。

量子电动力学理论不同于相对论，犹如费曼的个性不同于爱因斯坦。与大多数物理学家不同，爱因斯坦有一种顽皮的性格，他会抓住一切机会取笑传统社会的保守的崇拜物。如果，爱因斯坦是顽皮的，物理学家理查德·费曼就是个古怪的恶作剧者。

费曼是一名年轻的物理学家，20世纪40年代从事原子弹项目时就显示出了他爱开玩笑的性格。他为自己的窃取保险箱的能力而自豪。一天，在洛斯阿拉莫斯（Los Alamos），他连续破解了一排三个装有原子弹敏感军事方程式的保险箱。在一个保险箱中，他留下一条潦草地写在黄色纸条上的信息吹嘘自己打开保险箱有多么容易，并签名“聪明人”。在最后一个保险箱，他放入了一条类似的信息，并签名“同一个人”。

第二天，弗雷德里克·德·霍夫曼（Frederic de Hoffman）博士打开保险箱，在世界上保守最严密的信息上发现了费曼留下的神秘信息。费曼回忆道：“我曾在书本上读到过，当人感到害怕时，脸色会变得蜡黄，但我并未真正体验过。这绝对是真的。霍夫曼的脸色变成灰色、黄绿色——非常可怕。”霍夫曼博士看了那张由神秘的“同一个人”签名的纸条，立刻喊道，“‘同一个人’一直试图进入欧米茄大楼!”霍夫曼博士歇斯底里地得出了错误结论：“保险箱窃贼是那个明显在窥视洛斯阿拉莫斯的另一个绝密项目的人。”费曼很快做出了坦白，他成了罪魁祸首。

费曼在处理物理世界的一个更困难的问题时，展示了自己打开保险箱的天才能力，他消除了量子场论中的无穷性。

超弦论 S 矩阵——为什么天空是蓝色的?

当费曼还是麻省理工学院的学生时，他问了自己一个简单的问题：在所有理论物理中，最重要的问题是什么？显然，答案是，消除充斥在量子场论的无穷性。

费曼开始用数字预测，当诸如电子或原子之类的粒子相互碰撞时会发生什么？物理学家描述这种碰撞时，通常使用 S 矩阵这个术语（S 代表“散射”）。它仅是一组数字，包含了粒子碰撞时发生的所有信息。它告诉我们，多少粒子会以某一角度散射一定数量的能量。

计算 S 矩阵非常重要，如果 S 矩阵是完全已知的，预测材料的几乎所有特性将在原则上成为可能。S 矩阵的一个重要之处是，它能解释令人困惑的日常现象。例如，19 世纪的物理学家使用粗糙形式的 S 矩阵说明太阳光在空中的散射，我们第一次能解释天空为什么是蓝色的，夕阳是红色的。

当我们在白天看天空时，我们主要看到的是从空气分子中反弹出来并在所有方向散射的太阳光。因为蓝光散射比红光更容易，来自天空的光大多是散射光，所以天空看上去是蓝色的。（如果我们想象一个没有空气的世界，白天的天空也是暗色的，因为没有散射光。月球上，没有空气散射阳光，白天的天空看起来也是黑色的。）

同时，因为相反的效果，日落看起来是红色的——我们主要看到了太阳本身，而非散射光。日落时，太阳位于地平线附近，所以来自夕阳的光必须水平传播到达我们的眼睛，从而穿过一个相对大量的空气。当阳光到达我们身边时，只有红色光未被散射。

20 世纪 30 年代的量子物理学家计算氢原子和氧原子碰撞的 S 矩阵时，他们证明水会被创造出来。事实上，如果我们知道原子间所有可能的碰撞的 S 矩阵，原则上我们可以预测所有可能分子的形成，包括 DNA

分子。最后，这意味着 S 矩阵掌握了生命本身的起源。

事实上，物理学家必须面对一个根本问题——当传播速度近于光速时，量子力学将失效。早在 1930 年，罗伯特·奥本海默就发现当狭义相对论与量子力学结合时，会预测出 S 矩阵一系列无用的无穷大值。他写道，除非这些无穷大值能被消除，否则这个理论必须被丢弃。

20 世纪 40 年代，费曼使用他最好的窃取保险箱技术，在纸片上涂鸦，用图画描绘当电子相互碰撞时发生的事情。由于每个涂鸦实际上是大量乏味数学的速记符号，费曼能浓缩数百页的代数，隔离麻烦的无穷大。这些数学涂鸦让他比那些迷失在复杂数学丛林中的人看得更远。

毫不奇怪，“费曼图”是物理界争论的焦点，在这个问题上物理学家们意见不一。因为费曼无法推导出他的规则，他的批评者认为，这些图表是荒谬的，或许只是他的另一个著名的笑话。一些批评者更喜欢另一个量子电动力学版本，由哈佛大学的朱利安·施温格（Julian Schwinger）和东京大学的友永一郎（Shinichiro Tomonaga）建立。然而，更有洞察力的物理学家意识到，费曼正在用这些图片做一件有潜力的意义深远的事情。普林斯顿物理学家弗里曼·戴森（Freeman Dyson）解释了这种混乱的来源：

> 迪克的物理学对普通人如此困难的原因在于他未使用方程式。自牛顿时代始，通常的理论方法为建立方程式，然后努力计算方程的解。迪克只是写下了自己脑袋中得出的解，未写出方程式。他对事情的判断只需要一个物理图像，他能通过这个图像得出解，只需最少的计算。那些毕生致力于求解方程的人一定会被他弄糊涂——他们的思想是分析性的；迪克的方法是图画。

费曼的涂鸦很重要，因为它们允许他充分利用规范对称的力量，这引发了一场物理学革命，并一直延续至今。

超弦论 组装式玩具和费曼图

想想玩组装式玩具。假设只有三种类型：直棒（移动的电子），波浪形棒（移动的光子），以及一个可以将一根波形棒和两根直棒连接起来的接头（代表互动）。

假设我们以所有可能的方式连接这些组装式玩具。例如，从两个电子的碰撞开始。很简单，我们可以使用这些组装式玩具创建一个无限序列的图以描述两个电子如何碰撞。

这些图表看似非常简单。有一个无限数量的费曼图，每个代表一个一定的数学表达式，这些图的叠加会产生 S 矩阵。只要稍加练习，即使没有物理知识的人也能创建数百个组装式玩具图以描述两个电子如何碰撞。

本质上，可以组装两种类型的组装玩具："循环的"（例如最后一幅图），以及"树状的"（不包含循环，类似于树的分支，像第一幅图）。

费曼发现，这些树状图是有限的，并能通过实验产生好结果。但循环图非常麻烦，能产生无意义的无穷大。从本质上说，20 世纪 40 年代的量子物理学家重新发现了 19 世纪物理学家发现的问题，即发现点粒子的能量是 1/0。

今天，超弦理论很可能会消除所有的这些无穷大，不仅是电子和光子的无穷大，甚至重力相互作用中的无穷大。然而，费曼在 20 世纪 40 年代就发现了量子电动力学中无穷大问题的局部解。

费曼的解非常新颖，尽管有争议。量子电动力学是一种有两个参数的理论——电子的电荷和质量。除了狭义相对论，麦克斯韦方程也有另一种对称，叫"规范对称"。（波动方程定义在空间和时间的每个点上。如果在空间和时间的每一点做相同的旋转，方程式保持不变，该方程具有全局对称性。如果在空间和时间的每一点做不同的旋转，方程式保持

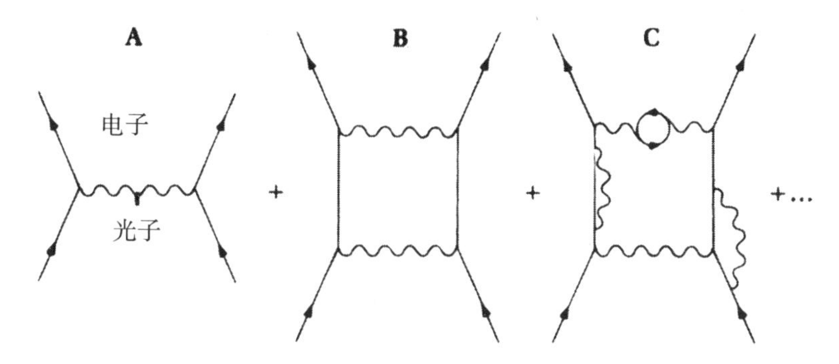

根据费曼的说法，当两个电子（用直线棒表示）碰撞时它们交换光子（用波浪形棒表示）。在图 A 中，这些碰撞的电子交换单个光子；在图 B，它们交换两个光子；在图 C 中，它们交换许多光子。

不变，该方程具有更复杂的对称性，称局部对称性或规范对称性。我们现在知道，规范对称可能是消除量子场论中的不良特性的唯一方法。）它允许费曼重组一大堆图表，直到他发现可以简单地重新定义电子的电荷和质量以吸收或取消无穷大。

起初，这种处理无穷大的妙招受到了强烈质疑。毕竟，费曼的方法假设电子的原始质量和电荷（“基本的”质量和电荷）一开始就是无限的，但是它们吸收了（“重整化的”）图中出现的无穷大，然后变成有限的。

无穷大减去无穷大能产生有意义的结果吗？（或者，用物理语言，$\infty - \infty = 0$ 吗？）

对批评家来说，使用一组无穷大（源于循环）来取消另一组无穷大（源于电荷和质量）看起来像室内魔术。事实上，狄拉克多年来一直批评重整化理论太笨拙，不能真正代表我们对自然的理解的深刻飞跃。对狄拉克来说，重整化理论就像一个以赌牌为生的老手快速清洗他那幅费曼图，直到带有无穷大的牌神秘地消失。

“这只是不明智的数学，”狄拉克曾说，“明智的数学是当一个量变得很小时可以忽略这个量——不忽略它是因为它是无穷大，而你并不需要它！”

然而，实验结果是不可否认的。20 世纪 50 年代，费曼的重整化新理论（提供一种吸收无穷大的方式）允许物理学家以不可思议的精度计算氢原子的能级。没有其他理论能接近量子电动力学理论那惊人的计算精度。尽管该理论只适用于电子和光子（而不是弱力、强力或重力），但它惊人的成功不可否认。

在证明费曼的理论与施温格（Schwinger）和加来（Tomonaga）等价后，这三人在 2006 年分享了诺贝尔奖。事后看来，我们认识到，真正的成就是他们利用了麦克斯韦的规范对称性，这是在量子电动力学中神秘地消除无穷大的主要原因。这种一次又一次发现的对称性和重整化之间的相互作用是物理学重大的秘密之一。超弦理论有着物理学中从未发现过的最大的一组对称性，强大的对称性是超弦理论具有奇妙性质的核心原因。

超弦论 重整化理论的失败

20 世纪 50—60 年代，费曼的规则风靡物理学。美国顶级实验室的黑板曾经写满了稠密的方程，现在已被树和圆圈填满了。似乎每个人都突然变成了在纸片上涂鸦和构建组装式玩具般的图表的专家。物理学家推断，既然费曼定律和重整化在解决量子电动力学问题上如此成功，那么，它极可能再次成功，强力和弱力也可能被“重整化”。

事实上，费曼的规则不足以使强力和弱力的相互作用重整化。没有全面认识规范对称性的物理学家走进了数百条死胡同，他们全部失败了。

最后，经过了 20 年的混乱，在弱力相互作用中取得了关键突破。自麦克斯韦时代以来几乎 100 年了，自然力首次向着统一迈出了另一步。解决谜题的关键仍然是规范对称。

弦论超 重整化与弱相互作用

弱相互作用涉及电子及名为“中微子”伙伴的行为。（弱相互作用粒子统称为“轻子”。）在宇宙的所有粒子中，中微子也许是最奇怪的，因为它是迄今为止最难找到的——它没有电荷，可能没有质量，且非常难以察觉。

中微子是沃尔夫冈·泡利（Wolfgang Pauli）在1930年基于纯粹的理论基础解释放射性物质中奇怪的能量损失做出的预测。泡利推测，丢失的能量被实验中看不到的新粒子承载。

1933年，伟大的意大利物理学家恩里科·费米（Enrico Fermi）发表了第一篇这种难以捉摸的粒子的综合理论，他称这个粒子为“中微子”（意大利语中的“小中立者”）。当然，由于中微子的想法源自推测，他的论文在初期遭到了英国自然杂志的拒绝。

众所周知，中微子实验非常困难，因为中微子非常有穿透力，且不会留下任何痕迹。事实上，它们可以轻易地从太空进入地球，穿透地球核心，进入我们的身体。每一秒，我们的身体都充满了这些中微子。如果我们整个太阳系都充满了固体铅，一些中微子仍然能穿透那可怕的屏障。

中微子的存在终于在1953年在一项困难的实验中得到证实。这项实验是研究核反应堆产生的巨大辐射。自中微子发现以来，多年来，发明者一直试图研究它的实际用途，最雄心勃勃的是建造中微子望远镜。

使用这种望远镜我们能直接探测数百英里厚的岩石，从而发现新的石油矿藏和稀有矿物。透过地壳和地幔，我们或许能发现地震的起源，并有可能预测到它们。中微子望远镜的想法非常好，但也存在一个问题：我们如何找到能停止中微子移动的摄影胶片？能穿透数万亿吨岩石的粒子，穿透摄影胶片应该非常容易。

[另一个建议是，制造一枚中微子炸弹。物理学家海因茨·佩尔斯（Heinz Pagels）写道，“这是和平主义者最喜欢的武器”。这样一个炸弹的造价与常规核武器无异，会呜咽爆炸，用大量中微子淹没目标区域。“在吓坏了所有人之后，中微子会无害地穿过一切物体。”]

除了中微子，其他弱相互作用粒子的发现也渐渐加深了人们对弱相互作用奥秘的认识，例如“μ 介子”。早在 1937 年，当人们在宇宙射线照片中发现这个粒子时，它看起来与电子极为相似，只是比电子重 200 多倍。似乎，它只是一个重电子。令物理学家感到不安的是，电子似乎存在一个无用的孪生兄弟——除了更重以外，它们没有区别。为什么大自然要创造一个电子的副本？哥伦比亚物理学家、诺贝尔奖获得者伊希斯多尔·艾萨克·拉比（Isidor Isaac Rabi）在谈到这个多余粒子的发现时，喊道，“谁下达的命令？”

更糟糕的是，物理学家在 1962 年使用了长岛布鲁克海文的原子破碎机向我们展示了 μ 介子有自己独特的伙伴，μ 子中微子。1977—1978 年斯坦福大学和德国汉堡的研究表明，还存在另一个多余的电子，它比电子质量重 3 500 倍。人们将它称为 τ 粒子，它也有自己单独的伙伴，τ 中微子。现在，有三种电子，每种都有自己的中微子，除了质量，每种都与电子族相同。3 个多余的轻子对或 3 个轻子家族的存在动摇了物理学家对自然的简单性的信心。

面对弱相互作用的问题，物理学家使用了由来已久的技术：应用从以前理论窃取的分析类比创造新的理论。量子电动力学的本质是将电子之间的力解释为光子的交换。同样推理，物理学家推测电子和中微子之间的作用力是由一组称为 W 粒子（W 代表“弱”）的新粒子的交换引起的。

产生的包含电子、中微子和 W 粒子的理论可以用三种组装式玩具来解释：直棒（代表电子）、点状棒（代表中微子），螺旋（代表 W 粒子）以及接头相互作用。当电子与中微子相互作用时，它们只是交换了一个 W 粒子。

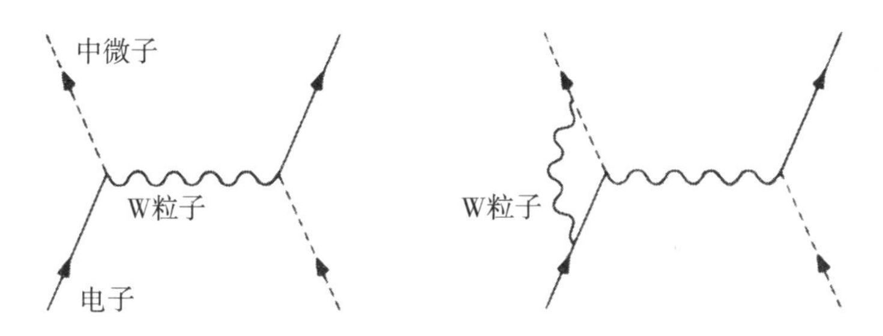

根据 W 粒子理论，电子（直棒表示）与中微子（点状棒表示）碰撞并交换一系列 W 粒子（螺旋表示）。

此外，经过一些练习，组装 W 粒子交换产生的数百个弱交互过程的费曼图并不难。

然而，问题是，这个理论不可标准化。不管费曼的把戏使用得多巧妙，该理论仍会被无穷大困扰。问题是 W 粒子理论本身存在一种基本缺陷——它没有麦克斯韦方程那样的规范对称性。

因此，弱相互作用理论被冷落了 30 年。不仅实验很难进行（因为众所周知的难以捉摸的中微子的原因），W 粒子理论也不可接受。物理学家对这一理论进行了几十年的深入研究，也没能取得重大突破。

电弱理论的成功

1967—1968 年，史蒂文·温伯格（Steven Weinberg）、阿卜杜斯·萨拉姆（Abdus Salam）和谢尔登·格拉肖（Sheldon Glashow）注意到光子和 W 粒子惊人的相似性。然后，他们发表了以下意见：尽管爱因斯坦曾试图将光与重力结合起来，也许正确的统一方案是将光子与弱相互作用的 W 粒子统一起来。这个新的 W 粒子理论叫电弱理论，与此前的理论有着决定性的不同，因为 W 粒子理论使用了当时可用的杨－米尔斯理论的最复杂形式的规范对称性。该理论于 1954 年被提出，比麦克斯韦具有更多的做梦也想不到的对称性。（我们将在第 7 章解释。）

杨 – 米尔斯理论包含了一种新的数学对称性［数学上表示为 SU（2）×U（I）］，这允许温伯格和萨拉姆在同一个基础上将弱力和电磁力结合在一起。这个理论将电子和中微子系统地处理为一个“家族”。就理论而言，电子和中微子实际上是同一枚硬币的两面。（然而，该理论并未解释为什么有三个多余的电子家族。）

尽管该理论在那个时代是最雄心勃勃和最先进的理论，但它并未引起太多人的注意。物理学家认为，它可能是不可标准化的，就像所有的其他死胡同，充满了无穷大。

温伯格在他的原始论文中推测，杨 – 米尔斯的 W 粒子理论可能是可重整化的，但没有人相信他。然而，这一切在 1971 年发生了变化。

在经历了 30 年的在 W 粒子理论中的无穷大痛苦之后取得了戏剧性的突破，24 岁的荷兰研究生杰拉德・特・胡夫特（Gerard’ t Hooft）证明了杨 – 米尔斯理论可重整化。他仔细检查他的计算，显示无穷大消除了，胡夫特将计算放在电脑上。人们可以想象胡夫特在等待结果时的兴奋。他后来回忆：“那次测试的结果是 1971 年 7 月获得的，程序的输出是一个不间断的零的字符串。每一个无限都被完全消除了。”

几个月内，数百名物理学家争相学习胡夫特的这项技术和温伯格和萨拉姆的理论。第一次，实数而不是无穷大从 S 矩阵中涌出。早些时候，1968—1970 年，物理学家没有一篇文章引用温伯格和萨拉姆的理论。然而，1973 年，他们的研究结果的影响逐渐被大家认识，有 162 篇关于他们理论的论文发表。

不知何故，物理学家们仍未完全理解构建在杨 – 米尔斯理论中固有的对称性是如何消除无穷大的，如何解决了早期 W 粒子理论的无穷大问题。其原因是，对称和重整化之间惊人的相互作用（我们将在第 7 章中详述）。这也是几年前研究量子电动力学的物理学家们所做的发现的再现——对称性以某种方式消除了量子场论中的分歧。

弦论超　格拉肖——革命的无政府主义者

史蒂文·温伯格（Steven Weinberg）和谢尔登·格拉肖（Sheldon Glashow）都来自纽约著名的布朗克斯科学高中，他们在那里是最好的朋友，并为科幻俱乐部杂志撰写文章。布朗克斯科学高中产生了三位诺贝尔物理学奖获得者——比世界上其他任何一所高中都多。

虽然温伯格和格拉肖得出了关于统一的同样的结论，但他们的气质却是相反的。他们的一个朋友告诉《大西洋月刊》，“史蒂文是保皇派，谢尔登是革命无政府主义者。史蒂文独立工作效果最好，谢尔登与他人合作效果最好。史蒂文敏感而私密，谢尔登好交友……”

格拉肖在他的风格中表现出的可能是一个疯狂的“革命的无政府主义者”，他达成想法的方式是不断地冒出新思想，很多都是疯狂和不可能的，但也有一些包括了物理学的真正突破。当然，他依靠别人的帮助否决坏思想，但他拥有许多人缺乏的创造本能。在理论物理学中，光有聪明是不够的，还需要创造力，奇怪的想法是科学发现必不可少的过程。

格拉肖喜欢发明新粒子颠覆物理学已有的基础。在他提出一个特别不寻常的粒子之后，他的合作者霍华德·乔治说，“这是格拉肖向物理学已有基础扔石头的另一种方式。”

格拉肖还有一个古怪教授的名声。在加来道雄还是哈佛大学的一名本科生时，他选修了格拉肖的一门经典电动力学课程。期末考试，当所有学生都在汗流浃背地完成这些问题时，格拉肖脱口而出，“哦！对了！第5个问题的答案我自己也弄不明白。如果你们有人找到了答案，请告诉我。”（班上的每个人都惊讶地互相盯着看。）

格拉肖在1979年因电弱理论获得诺贝尔奖，他在获奖感言中说：“1956年，我开始研究理论物理，基本粒子的研究就像用小块布缝缀的被罩。电动力学、弱相互作用和强相互作用是明显分开的，是单独教授和单独研究的学科。没有一个连贯的理论可对这一切进行描述。现在，情况变了。今天，我们有了一个被称为基础物理的标准理论，强、弱和电磁相互作用都能源自单一的原则。这个理论已成为了集成的艺术品，小块布缝缀的被罩已成为了一副挂毯。”

超弦论 介子与强力

物理学家们被电弱理论的巨大成功冲昏了头脑，开始将注意力转向强力的解决。

会第三次取得成功吗?

规范对称性消除了 QED 和电弱理论的分歧。规范对称性也是消除强相互作用中的无限性（无穷大）的关键吗?答案是肯定的，但是在持续了几十年的大量混乱之后。

强相互作用理论的起源可追溯到 1935 年，当时，日本物理学家汤川秀树提出，原子核里的质子和中子是通过称为“π 介子”的粒子交换聚合在一起的。就像量子电动力学一样，电子和原子核之间的光子交换将原子结合在一起，汤川通过类比提出这些介子的交换将原子核结合在一起，他甚至预测了这些假设的粒子的质量。

汤川秀树第一个提出自然界中的短程力可以用大量粒子的交换来解释。事实上，汤川秀树的介子思想提供了原创灵感，使几年后的其他物理学家提出 W 粒子作为弱力的载体。

1947 年，英国物理学家塞西尔·鲍威尔（Cecil Powell）在他的宇宙射线实验中发现了介子。这个粒子的质量非常接近汤川秀树 12 年前的预测。由于汤川秀树在揭开强力奥秘时做的先驱工作，他在 1949 年获得了诺贝尔奖，鲍威尔获得了 1950 年的诺贝尔奖。

尽管介子理论取得了相当大的成功（还是可重整的），但它绝不是终点。20 世纪 50—60 年代，物理学家利用各个国家实验室里的原子粉碎机发现了数百种不同类型的强相互作用的粒子——“强子”（包括介子和其他强相互作用的粒子，如质子和中子）。

数百个强子的存在使我们陷入困境。没人能解释在探测亚原子领域时为什么自然会突然变得复杂，而不是越来越简单。相比之下，20 世纪 30 年代，事情似乎很简单——人们认为宇宙由四种粒子和两种力组成（电子、质子、中子、中微子，光和重力）。根据定义，基本粒子的数量应该很少，但 20 世纪 50 年代的物理学家被国家实验室发现的新强子淹没。显然，需要一种新理论在这种混乱中找出一些新道理。

诺贝尔奖获得者恩里科·费米观察了大量的新强子，每个都有一个奇怪的希腊名字，他曾哀叹，“如果我能记住所有这些粒子的名字，我一定会成为植物学家。”

罗伯特·奥本海默开玩笑地说，“诺贝尔奖应该颁给那年未发现新粒子的物理学家。”

至 1958 年，强相互作用粒子数量增长已非常快，以至于加州大学伯克利分校的物理学家出版了一份年鉴对其跟踪。第一本年鉴有 19 页，分类了 16 个粒子。1960 年，粒子的数量大大增加，以至于出版了页码更厚的年鉴。至 1995 年，这份名单已超过了 2 000 页，描述了几百个粒子。

汤川的理论虽然可以重整，但仍过于原始，无法解释实验室里出现的众多的粒子。显然，重整化是不够的。正如我们前面看到的 W 粒子理论中缺少的成分是规范对称性。经过几十年的困惑，利用规范对称性力量的同一经验也要用到强力上。

世界内部的世界

寻找类比的物理学家们会想起 19 世纪化学家曾面临的困惑。那时，化学家问我们，已知存在的数十亿种化合物怎么可能完全理解。第一次突破发生在1869年，俄罗斯化学家德米特里·门捷列夫展示了这些化合物可以被还原成一组简单的元素，被安排在门捷列夫周期表的美丽图表中。每个高中生都在化学课上学习过这张图表，它使混乱变得有序。

当时的门捷列夫仅列出了60种元素（今天已知有100多种）。他在表上留下了很多“洞”，以预测尚未被发现的新元素的存在和性质。这些丢失的元素被实际发现恰好出现在门捷列夫预测的地方，证实了门捷列夫周期表的正确性。

20世纪30年代，量子物理学家展示了周期表可用服从量子力学定律的3个粒子来解释——电子、质子和中子。当然，将几十亿个化合物减少到周期表中大约100个元素，最后降至3个粒子是我们理解自然的重大飞跃。

现在的问题是：同样的技术能否用到我们实验室中发现的数百个强子？关键问题是，找到一种对称性使数据有意义。

20世纪50年代，第一个重要的观察由一群日本物理学家做出，最直言不讳的发言人是名古屋大学的日本物理学家坂田昌一。坂田昌一小组引用黑格尔和恩格斯的哲学著作，声称强子应由这些粒子中的3种组成，介子应该由这些粒子中的2种组成。他的小组甚至提出，亚粒子服从一种新的对称类型，叫做SU（3），它描述了3个亚核粒子的混合方式。这种数学对称性SU（3）允许坂田昌一小组对强子的下层进行精确的数学预测。

坂田学派的哲学和数学上的理由是物质应由无限组的子层组成，这也被称为世界内的世界或洋葱理论（有时）。根据辩证唯物主义，物理现实的每一层都是由两极的相互作用创造。例如，恒星和恒星相互作用形成星系；行星和太阳相互作用产生太阳系；原子之间的相互作用产生分子；电子和原子核相互作用产生原子；最后，质子和中子相互作用产生原子核。

然而，当时的实验数据太粗糙，无法检测他们的预测。在 20 世纪 50 年代，人们对这些奇异粒子的特殊性质的认识还不足以证实或否定坂田学派的理论。

20 世纪 60 年代初，认为强子之下存在亚层的想法出现了下一个突破，当时加州理工学院的莫里·盖尔曼（Murray Gellmann）和以色列物理学家尤瓦尔（Yuval Neoman）表明这数百个强子以“8”的模式出现，很像门捷列夫的周期表。盖尔曼异想天开地称这个数学理论为“八重法”。他在八重法表上寻找“漏洞”，像他之前的门捷列夫一样，盖尔曼可以预测尚未被发现的粒子的存在甚至特性。

如果八重法可与门捷列夫周期表相媲美，那么，构成周期表中原子的电子和质子的对应物是什么？

后来，盖尔曼和乔治·茨威格（George Zweig）提出了完整的理论。他们发现八重法的出现是因为亚核粒子的存在（盖尔曼称之为“夸克”，出自詹姆斯·乔伊斯的《芬尼根的觉醒》），这些粒子遵循坂田学派几年前提出的对称性 SU（3）。

盖尔曼发现，通过简单地组合三个夸克可以奇迹般地解释在实验室中发现的数百个粒子，更重要的是预测新粒子的存在。（盖尔曼的理论，虽然在许多方面与坂田的理论类似，但使用了与坂田稍许不同的组合，纠正了坂田理论中一个小且重要的错误。）事实上，通过适当组合 3 个夸克，盖尔曼能描述几乎所有在实验室里出现的粒子。由于他对强相互作用的物理学的贡献，盖尔曼于 1969 年获得诺贝尔奖。

与夸克模型一样成功的是，它留下了一个喋喋不休的问题：能解释将这些夸克聚集在一起的力的令人满意的可重整化理论在哪儿？因此，夸克理论仍然是不完整的。

超弦论　量子色动力学

与此同时，20 世纪 70 年代早期，充满激情的温伯格和萨拉姆的电弱理论也影响到了夸克模型。自然的问题是：为什么不试试用对称性和杨－米尔斯场消除分歧？

虽然结果尚无定论，但今天有一种实际上的普遍认识，认为杨－米尔斯理论奇妙的性质和对称性可以成功地将夸克束缚到可重整的框架中。在某些情况下，一个被称为“胶子”的杨－米尔斯粒子可以表现得好像是黏性的胶状物质将夸克黏合在一起。这就是所谓的“色”力，由此产生的理论为“量子色动力学”（简称 QCD ），这个理论被广泛认为是强相互作用的最终理论。初步的计算机程序表明杨－米尔斯场的确束缚了夸克。

随着杨－米尔斯理论和量子色动力学的成功，物理学家问：自然真的如此简单吗？到目前为止，物理学家陶醉于成功。使用规范对称（以杨－米尔斯理论的形式）来创建可重整化的理论的神奇的公式，似乎是某种成功的药方。

下一个问题是：会取得第四次成功吗？能够创建一个强、弱和电磁相互作用的统一理论吗？答案似乎仍然是肯定的。

5　寻找顶夸克

1994 年 7 月，物理学家在全世界的实验室中举起香槟，难以捉摸的“顶夸克”终于被人们发现。新闻稿发布时，芝加哥郊外的费米国家实验室的物理学家几乎不能抑制他们的兴奋。

《纽约时报》立刻在头版位置大肆宣传这个胜利。在最近的记忆中，全国性报纸的首页还出现过新的亚原子粒子的报道。突然，数百万对原子完全不了解（甚至对原子没有兴趣）的人开始发问，“什么是顶夸克?”

纽约的 NBC 电视新闻随机询问镇上的人是否知道什么是顶夸克。(经过一些滑稽的猜测，一个人做出了令人惊讶的准确的现场回答。）喜剧演员开始将顶夸克变成他们的替身，顶夸克是第一个在 15 分钟内就获得名声的粒子！

弦论超　寻找脚趾夸克

顶夸克成为最重要的夸克的原因是，它是完成“标准模型”所必需的最后一个夸克，此“标准模型”是当前的和最成功的粒子相互作用理论。对粒子物理学家来说，这个理论是半个世纪以来解开亚原子之谜的艰苦努力所取得的最终最高成就。粒子物理学这章结束了，物理学的新篇章开始了。

自 1977 年以来，在费米国家实验室发现“底夸克”后不久，物理学家一直在寻找这种难以捉摸的粒子。然而，在过去的 15 年，未能探测出更重的顶夸克的存在。物理学家越来越紧张，如果顶夸克不存在，基本粒子物理学将会像一座纸牌房子那样坍塌。在国际粒子物理学家会议上，这似乎成了一个笑话，一次又一次的实验都没能找到顶夸克。

正如诺贝尔奖获得者史蒂文·温伯格所说，“大量的理论认为，顶夸克一定存在。如果不是这样，很多人会感到尴尬。”

为了捕捉顶夸克，费米实验室的兆电子伏特的粒子加速器，产生了两条高能亚原子粒子光束绕着一个大的圆形管道回旋，但是在相反的方向行进。第一束由普通质子组成；另一束以相反的方向在第一束的下面行进，由反质子（质子的反物质孪晶，携带负电荷）组成。然后，加速器合并这两个循环光束，将质子以接近 2 万亿电子伏特的能量粉碎反质子。这样，突然碰撞释放出的巨大能量泄出一股亚原子洪流。

使用一组复杂的自动照相机和计算机，物理学家随后分析了超过 10 000 亿张碎片的照片。肉眼看来，这些照片像蜘蛛网，从一个点发出长的弯曲的纤维。对训练有素的眼睛来说，这些纤维代表了亚原子粒子在碰撞中爆炸发出的轨迹。随后，物理学家团队仔细研究数据，筛选照片，直到选择了有顶夸克碰撞“指纹”的 12 次碰撞。

物理学家随后估计，顶夸克的质量为 1 740 亿电子伏特，它成为了有史以来人们发现的最重的基本粒子。事实上，它非常重，几乎和金原子一样重（包含 197 个中子和质子）。相比之下，底夸克的质量仅为 50 亿电子伏特。

考虑到巨大的风险，以及需要大量数据证实它的存在，费米实验室的物理学家小心翼翼地说，他们的顶夸克的证据并不确凿。事实上，顶夸克是如此巨大和难以捉摸，以至于需要来自 36 个机构的 440 多名科学家英雄般的努力去抓住它。（这引发了关于需要有多少物理学家拧紧夸克灯泡的笑话。）即便如此，他们仍然含糊其辞地打赌，他们有 0.25% 的概率是错的。

该集团的发言人之一，威廉·卡里瑟斯承认，“我们处于中间地带，我们看见的事件过多，不能忽视且又太小，不能说找到了。”

8 个月后，该小组和使用同一加速器的竞争小组联合宣布，“所有疑问都已消除，总计拍摄到 38 张顶夸克碰撞的照片，顶夸克终于被捕获了。”

弦论超 几代夸克

为了理解找到顶夸克的重要性，我们需要知道夸克有几对，或称“几代”。最低的一对被称为“上”和“下”夸克。当 3 个这些轻夸克结合在一起，我们找到了熟悉的构成可见宇宙，包括我们体内的原子和分子的质子和中子。（3 个夸克组成了质子和中子。例如，质子由 2 个上夸克和 1 个下夸克组成，中子由 2 个下夸克和 1 个上夸克组成。）每组上和下夸克又有 3 种不同的“颜色”，总共 6 个夸克构成了第一代。（这种“颜色”与熟悉的颜色概念无关。）

下一对较重的夸克被称为“奇异”夸克和“粲”夸克。当它们结合在一起时，会形成许多粉碎原子所产生的碎片中发现的重的碎片。这些夸克也有 3 种颜色。

物质最深的秘密之一是，为什么第一代和第二代夸克几乎都是彼此的复制品（即使今天，也不能理解）。除了第二对比第一对重以外，事实上，它们几乎具有相同的属性。奇怪的是，从根本上说，大自然在构造宇宙时，竟然能接受高度无用的冗余。

1977 年，底夸克的发现意味着一定有第三代多余的夸克和一个缺失的顶夸克填满第三对。因此，标准模型的基础是基于三代夸克，每一代与上一代都是相同的，除了质量之外。

今天，物理学家说，夸克有 6 种“味道”［上、下、奇异、粲、底和顶］以及 3 种颜色，这就产生了 18 种夸克。每个夸克也存在一个反物质孪晶。当我们加入反夸克时，夸克的总数可达到 36 个。（这个数字比 20 世纪 30 年代发现的亚原子粒子总数还多。当时，许多物理学家认为，电子、质子和中子足以描述宇宙中的所有物质。）

标准模型

目前，没有实验偏离标准模型。因此，这可能是在科学史上被提出的最成功的理论。然而，大多数物理学家发现标准模型不吸引人，因为它异常丑陋不对称。（关于物理学对称性的更详细讨论，见第 7 章。）因为实验非常成功，大多数物理学家认为标准模型只是通向真正的万物理论的中间步骤。原因是标准模型很丑陋，它是通过蛮力将电磁力、弱力和强力黏合在一起形成的理论。想想，尝试将显然不合适的三块拼图强行拼在一起，拼接它们的带子就是标准模型。

为了理解这个理论有多丑陋，让我们总结一下各种零件是如何装配在一起的。

首先，强相互作用用 36 种夸克描述，得出 6 种口味，3 种颜色，以及物质/反物质对。将它们黏合在一起形成质子和中子的“胶水”是胶子（由杨 - 米尔斯场描述），总共有 8 个胶子场。综合起来，这个理论被称为量子色动力学，或“色”相互作用理论。

弱相互作用也有类似的生成问题。第一代有电子和中微子，第二代有 μ 子和它的中微子，第三代有 τ 粒子及其中微子。这些粒子被统称为“轻子”，它们是在强相互作用中被发现的夸克的对应物。这些轻子反过来通过交换 W 粒子和 Z 粒子（它们是巨大的杨 - 米尔斯场）相互作用，总共有四种这样的粒子。

然后是电磁相互作用，这是由麦克斯韦场调节的。

最后，还有一种“希格斯粒子”（一种允许我们打破杨－米尔斯场对称性的粒子）。除了希格斯粒子之外，其他粒子都是在原子粉碎机中发现的。

目前，物理学家探测亚原子粒子的相互作用已超过10 000亿电子伏特，未发现任何实验偏离标准模型。然而，尽管这个理论具有无可否认的成功，但它没有吸引力。我们知道，它不能成为最终的理论，因为：

1. 它有如此奇异的夸克、轻子、胶子、W粒子和Z玻色子。

2. 夸克和轻子都有整整三代，它们不能被区分（除了它们的质量）。

3. 它有19个任意参数，包括轻子的质量，W粒子和Z玻色子的质量，强相互作用和弱相互作用的相对强度等。（标准模型不确定这19个数字的值。它们是在模型中无正当理由地临时插入的，且是通过仔细测量这些粒子的性质被确定。）

作为一个指导原则，爱因斯坦总会问自己这个问题：如果你是上帝，你会如何构建宇宙？当然不是用19个可调参数和一大群多余的粒子。理想情况下，你只需要1个可调整参数（或者没有可调参数），只用1个对象构造自然界中所有的粒子，甚至可能是空间和时间。

通过类比，我们看门捷列夫周期表，以及它的100多种元素集合，这是“上个世纪的粒子”。没人能否认门捷列夫周期表在描述物质的构造砖块上取得的成功。但事实上，它是随机选择的，有数百个任意常数，因此是不吸引人的。今天，我们知道，整个表可以用3个粒子来解释——中子、质子、电子。同样，物理学家认为，标准模型存在奇怪的多余夸克和轻子，应该由更简单的结构构成。

弦论超 GUT 和重整化

将这些粒子彼此重组的最简单的理论叫做SU（5），是哈佛大学霍华德·乔治（Howard Georgi）和谢尔登·格拉肖（Sheldon Glashow）在1974年提出的。在这个“大统一理论（GUT）”中，电子、中微子和夸克通过SU（5）对称连接。相应地，光子，弱相互作用的W粒子，以及强相互作用的胶子拼凑在一起形成另一个力的家族。

因为强相互作用与电弱力联合的能量超出了我们现在的粒子加速器的范围，所以GUT理论很难被检验。尽管如此，GUT理论确实做了一个惊人的可用今天的技术测试的预测。

这个理论预测夸克可以通过发射另一个粒子变成电子。这意味着质子（由3个夸克组成）最终会衰变为电子，且质子的寿命是有限的。GUT理论的这个认为质子最终会衰变为电子的惊人的预测，已促使全世界新一代的实验物理学家努力测试。（虽然几组实验物理学家用埋在地球深处的探测器正寻找质子衰变的证据，但目前还没有人能决定性地确定质子的衰变。）

回想起来，尽管GUT理论代表了一种非凡的进展，将电弱力和强力统一起来，但存在严重的实验问题。例如，除了质子衰变实验之外，很难甚至不可能直接测试GUT理论。

更重要的是，GUT理论在理论上也不完整。例如，它未解释为什么有这些粒子族（电子、μ和τ）的3个副本。此外，数十个任意常数（例如夸克的质量，轻子的质量和希格斯粒子的数量）贯穿整个理论。那么多未定的参数使GUT理论类似于鲁伯·戈德堡装置。对物理学家来说，一个理论具有如此多的未定参数，实在让人难以相信。）

然而，尽管GUT理论存在问题，物理学家仍然希望这个理论取得成功。一个简单的规范理论（如杨－米尔斯理论）会产生重力理论吗？

答案是否定的，尽管规范理论取得了很多成功，但在处理重力时撞上了砖墙。杨－米尔斯的形式体系仍然太原始，无法解释重力。这也许指向了 GUT 理论的最根本问题——尽管它很成功，但不能包含重力的相互作用。

在新思想诞生之前，在这一领域进展缓慢，新思想的建立是基于比杨－米尔斯理论更大的对称性。这个理论是超弦理论。

Part Ⅱ

SUPERSYMMETRY AND SUPERSTRINGS

第二部分

超对称和超弦

6　超弦理论的诞生

超弦理论在科学编年史上也许有着最奇怪的历史。除此之外，我们找不到一个理论，它的提出竟是作为错误问题的解决方案，被放弃了10多年后又作为宇宙理论复活了。

超弦理论始于20世纪60年代，在杨－米尔斯理论和规范对称性繁荣之前，重整化理论作为一个被无限困扰的理论仍处在挣扎中的时候。

重整化理论似乎是人为的，受到了强烈的反对。对立的学派是由加州伯克利大学的杰弗里·丘（Geoffrey Chew）领导的，他提出了一个独立于基本粒子、费曼图和重整化的新理论。

丘的理论不是假设一系列复杂的规则来详细说明某些基本粒子如何通过费曼图与其他粒子相互作用，这个理论只要求S矩阵（数学上描述粒子的碰撞）是自我一致的。丘的理论假设S矩阵遵循严格的一组数学性质，然后假设这些属性非常严格，以至于只有一种解决方案是可能的。这种方法通常被称为“自举”法，因为从字面上说，是靠自己的力量自举起来的（从只有一组假设开始，然后从理论上只用自我一致推导答案）。

因为丘的方法完全基于S矩阵，而不是基于基本粒子或费曼图，这个理论被称为“S矩阵理论”（不要与所有物理学家都使用的S矩阵本身混淆）。

这两种理论，量子场论和S矩阵理论，是基于对“基本粒子”意义的不同假设。量子场论是基于所有物质都可以由一小组基本粒子构成这样的假设；S矩阵理论是建立在无穷多个粒子基础上的，没有基本粒子。

回顾过去，我们看到超弦理论结合了 S 矩阵理论和量子场论最好的特点，这两个理论在许多方面是对立的。

超弦理论类似于量子场论，因为它是以物质的基本单位为基础的。然而，超弦理论不是基于点粒子，而是通过打破和改造类似于费曼的图表来相互作用的弦。超弦理论超越量子场论的显著优势是，不需要重整化。所有的每一级的循环图表或许都是有限的，不需要人为去掉无穷大。

超弦理论类似于 S 矩阵理论，可以容纳无限数量的“基本粒子”。根据这个理论，自然界中发现的多样的粒子只是同一根弦的不同共振，不存在比任何其他粒子更基本的粒子。然而，超弦理论超越 S 矩阵理论的显著优势是，它能计算最终得到 S 矩阵的数字。（相比之下，S 矩阵理论极难计算和提取可用数字。）

因此，超弦理论结合了 S 矩阵理论和量子场论两者的优点，因为它是基于物理图像的理论。

同时，超弦理论不同于 S 矩阵理论或量子场论，它们是基于多年的耐心发展，1968 年出乎意料地出现在物理学界。超弦理论的发现则完全偶然，而非一系列逻辑思维的结果。

超弦论 猜测答案

1968 年，当 S 矩阵理论仍然流行时，两个年轻的物理学家加布里埃尔·威尼斯诺（Gabriele Veneziano）和铃木子彦（Mahiko Suzuki）各自独立在日内瓦郊外的欧洲核子研究中心工作。他们都对自己提出了一个简单的问题：如果 S 矩阵是超级矩阵，那么，为什么不试着猜猜答案？他们翻阅了大量自 18 世纪以来由数学家给出的数学函数，偶然发现了贝塔函数，这是由 19 世纪的瑞士数学家利昂哈德·欧拉（Leonhard

Euler）率先写下的美丽的数学公式。令他们惊讶的是，通过对贝塔函数特性的研究，他们发现它自动满足几乎所有丘的S矩阵假设。

这太疯狂了。强相互作用物理的解，可以用100多年前的一位数学家写下的简单公式求得？这么简单吗？

随机翻阅一本数学书就做出了重大科学发现，这在科学史上从未有过。（也许，威尼斯诺和铃木太年轻，无法理解他们随机发现的可能性，这一事实帮助他们找到了贝塔函数。年纪更大、偏见更深的物理学家或许会从一开始就摒弃使用旧的数学书。）

欧拉公式在20世纪物理学世界一夜成名——S矩阵理论对量子场论取得了明显胜利。数百篇论文试图使用贝塔函数拟合从原子碎片中涌出的数据。许多论文是为了解决最后剩下的丘的假设，即贝塔函数不服从单一性或概率守恒。

很快，有人提出了更复杂的理论，与数据符合更好的理论。在普林斯顿大学工作的约翰·施瓦茨（John Schwarz）和法国物理学家安德烈·内沃（Andre Neveu），以及在芝加哥附近的国家加速器实验室工作的皮埃尔·雷蒙（Pierre Ramond）提出了一个理论，其中包括带有“旋转”的粒子（最终成为超弦理论）。

尽管贝塔函数很了不起，但也留下一个令人困扰的问题——这个公式的奇妙特性只是个意外，还是源于更深的更多的物理基础结构？答案在1970年确定，芝加哥大学的一郎南布（Yoichiro Nambu）证明了神奇的贝塔函数是由相互作用的弦的性质决定的。

南布模式

与爱因斯坦喜欢对华而不实的社交礼仪嗤之以鼻不同，与费曼喜欢恶作剧和物理学中可怕的顽童盖尔曼不同，南布以安静、彬彬有礼著称。他很有日本人的传统特色，比较保守。一些人说他有思想，比通常的粗鲁的西方同事更高雅。在杂乱无章的思想市场，原始的某些物理思想的荣誉受到小心翼翼的保护，但南布有一种令人耳目一新的不同风格，他喜欢让自己作品的价值不言自明。

然而，这也意味着，尽管他参与了一些物理学最基本的发现，但他不会声称是自己先发现的。在物理学中，通常是根据普遍共识将名字与发现联系在一起，即便在历史上不是完全正确。例如，著名的描述两个电子系统行为的"Bethe - Saltpeter"方程，首先是南布发表的。同样，南布首先发表了许多早期的"自发对称性崩溃"的思想，但多年来，一直被称为"戈德斯通"定理。直到最近，它才被恰当地称为"南布 - 戈德斯通"定理。然而，对于弦理论，显然是南布写下了它的基本方程。

为什么他的一些杰出成就未立即得到认可，因为他的思想通常领先于他的时代。如同他的同事西北大学的劳里·布朗（Laurie Brown）博士注意到的，"南布是一名开拓者，他的创新为突破设置了舞台，通常在其他人实现这些创新之前几年甚至几十年。"物理学界有句谚语，"如果你想知道未来 10 年的物理会是什么样子，请阅读南布的著作。"

在 1985 年的一次演讲中，南布试图总结过去导致了突破性发现的伟大的物理学家使用的思维方式，南布称他们为"汤川模式"和"狄拉克模式"。汤川模式根深蒂固地扎根于实验数据，汤川通过仔细分析可用的数据得出了他对介子作为核力载体的开创性想法。然而，狄拉克模式在数学逻辑上是狂野的、推测性的飞跃，导致了惊人的发现，例如狄拉克的反物质理论或单极子理论（一个代表单极磁性的粒子）。爱因斯坦的广义相对论符合狄拉克模式。

1985 年，南布 65 岁生日庆典，总结了他的巨大科学成就，他的同事为纪念他创造了另一种思维方式，"南布模式"。这种模式结合了两种思维方式的最佳特性，试图通过提出富有想象力、才华横溢，甚至疯狂的数学去仔细解释实验数据。超弦理论在很大程度上源于南布的思考模式。

或许，南布的一些风格可以追溯到他祖父以及他父亲所代表的东西方影响的碰撞。1923年，东京发生灾难性地震，南布一家定居在福井小镇，佛教新蜀派的所在地。南布的祖父通过出售宗教物品以支持家庭，例如家庭纪念祖先的神殿。南布的父亲不顺从祖父的这个方式，多次离家出走。作为一名知识分子，南布的父亲被西方文化迷住了，最终以英国文学为专业毕业，写下了他关于威廉·布莱克（William Blake）的论文。

南布在这个家庭长大，既受到了传统主义的祖父主导，也受到了奇怪的来自西方的知识风的影响。当军国主义20世纪30年代在日本兴起时，整个家庭都受到了伤害。正如布朗博士指出的：

> 南布的父亲有自由主义和国际主义的观点，在那些日子里，在政治上很谨慎地保持自我。他订阅了几本Yoichiro出版的一系列廉价书籍（所谓的日元书籍）。这些书包括外国小说、现代日本文学，以及马克思主义经典著作。后者甚至在20世纪30年代受到了严格审查。当时，拥有这样的书将会使自己变得危险，但南布的父亲保留了一些下来。

小时候，南布像费曼和许多其他人一样对科学表现出兴趣，摆弄小型无线电接收器。他在东京大学读书时，被西方海森堡等人正发展的新量子力学的故事迷住了。然而，南布痛恨笼罩着这个国家的军国主义气氛。

1945年，日本惨败，日本人民开始了重建国家的痛苦过程。南布被任命在东京大学工作。在这里，有不少如友永一郎（Shinichiro Tomonaga）这样的日本物理学家，受战争的影响他们的工作曾一度与西方同行们隔绝，现在开始慢慢恢复起来。

普林斯顿物理学家弗里曼·戴森捕捉到令人愉快的惊喜：西方物理学家知道了在日本取得的进展，他写道：

> 友永一郎简单透彻地没有任何数学地阐述了朱利安·施温格（Julian Schwinger）理论的核心思想，其中的含义令人吃惊。不知何故，友永一郎在与世隔绝的情况下，在战争的废墟上，在日本维持了一所理论物理研究学院，该学院在某些方面甚至领先于在那个时代的任何别处的学院。他独自向前推进，比施温格提前 5 年奠定了新量子电动力学的基础……

南布的工作最终引起了普林斯顿高级研究所所长罗伯特·奥本海默的注意，他邀请他来研究所待了 2 年时间。南布于 1952 年离开日本，为遇到一个“正常”的社会而感到震惊。（东京，由于大规模燃烧弹的袭击，甚至大于广岛遭受的损失。）1954 年，他参观了芝加哥大学，自 1958 年以来他一直是那里的教授。

南布柔和、含蓄的风格与费曼直言不讳的态度在 1957 年的纽约罗切斯特的罗切斯特会议上形成了鲜明对比。那时，他提交了一篇《假设新粒子存在或共振（同位旋介子）》的论文。在南布发表演讲时，费曼回应：“在猪眼里！”（然而，几年后，当这个粒子在原子粉碎机中被发现时，这个问题解决了，并被命名为“欧米伽介子”。）

南布的弦

南布最初提出弦的概念是为了在国家实验室里发现的数百个强子的混乱中找出某些意义。显然，这些强子在任何意义上都不可能被认为是“基本的”。南布认为，强相互作用物理学的混乱一定是一些潜在结构的反映。

几年前，他的同事汤川和其他人，如海森堡，提出了一个建议，“认为基本粒子并不是点，而是脉动和振动的‘斑点’。”多年来，所有建立在斑点、薄膜和其他几何物体基础上的量子场论的努力都失败了。

这些理论最终都违反了一些物理原理，比如，相对论（如果斑点在某点被摇动，振动会以比光还快的速度穿过斑点）。

南布的开创性想法是，假设强子由振动弦构成，每种振动模式对应于一个独立的粒子。（超弦理论不会违反相对论，因为沿着弦的振动，传播速度只能小于或等于光速。）

想想，与小提琴弦的类比。这么说吧，我们得到了一个产生音乐音调的神秘盒子。如果我们对音乐一无所知，会首先尝试将音调编目，给它们起名字，如 C、F、G 等。我们的第二个策略是，发现这些音调之间的关系，例如可观察到它们以八度为一组出现。从这里，我们能发现和谐的法则。最后，我们会努力假设一个“模型”，用一个单一的原理解释和声和音阶，如一根振动的小提琴弦。同样，南布相信，威尼斯诺和铃木发现的贝塔函数可以用振动弦来解释。

剩下的一个问题是，解释弦相撞时发生了什么。因为弦的每个模式代表一个粒子，了解弦如何碰撞允许我们计算普通粒子相互作用的 S 矩阵。在威斯康辛大学工作的三个物理学家，布尼·萨基塔（Bunji Sakita）、菊治（Keiji Kikkawa）和米格尔·维拉索罗（Miguel Virasoro kawa）推测丘的 S 矩阵的最后剩下的假设（统一性）可以用重整化理论解决这个假设的同样方法满足：通过添加循环。换句话说，这些物理学家建议，重新引入这些弦的费曼图。（在这点上，许多 S 矩阵理论者感到沮丧。这个异端想法意味着重新引进循环和重整化理论，这是 S 矩阵理论所禁止的。这对于 S 矩阵阵营里的纯粹主义者来说非常不友好。）

他们的提议最终被我们中的一个（加来道雄）和一个合作者（余乐平）完成了。当时，他们是加利福尼亚伯克利大学的研究生，一起工作的还有加州大学伯克利分校的克劳德·洛夫莱斯，以及那时在欧洲核子研究中心的阿根廷物理学家亚历山德罗尼。

折纸的乐趣

弦有两种类型：开放的弦（有端点）和封闭的弦（圆形）。为了解弦是如何相互关联的，想想代表点粒子费曼图的组装式玩具。当粒子移动时，它会创建一条线，以一根组装式玩具棒为代表。当粒子碰撞时，它们形成 Y 形线，碰撞以组装式玩具结合点为代表。

类似地，当开放的弦移动时，它们的路径可以被可视化为长纸条一样。当封闭的弦（圆形）移动时，它们的路径可以被想象成纸管，而不是线条。因此，我们需要用折纸代替组装式玩具。

A

B

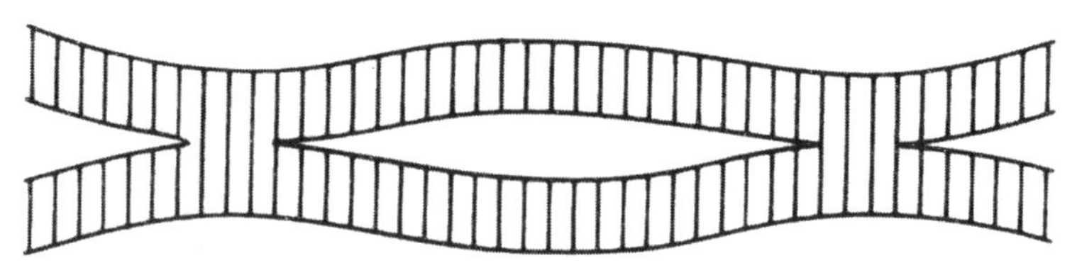

在图 A 中，两个封闭的弦从左边进入，在中间形成一个单独的弦，然后它被分成两半形成两个弦。在图 B 中，两个开放的弦从左边进入，合并、断开、合并、再断开成两个弦向右移动。

当这些纸条碰撞时，它们平滑地合并为另一张纸条。同样，我们有一个 Y 形接头，但形成 Y 形的线是条状的，而不是棒状的。

这意味着物理学家们不是在黑板上乱写乱画，而是想象碰撞的纸带和纸管。(加来道雄记得和自己的伯克利导师斯坦利·曼德尔的一次谈话，他用剪刀、胶带和纸张解释两个弦如何碰撞、重新形成和创建新的弦。这个纸的结构最终演变成一幅重要的超弦的费曼图。)

当两个弦碰撞并产生S矩阵时，我们使用下面给出的费曼图。

这些相互作用的场论是由加来道雄和菊治（Keiji Kikkawa）在1974年完成的。他们展示了整个超弦理论可以概括为基于弦，而不是点粒子的量子场。只需要5种类型的相互作用（或接头）即可描述弦理论：

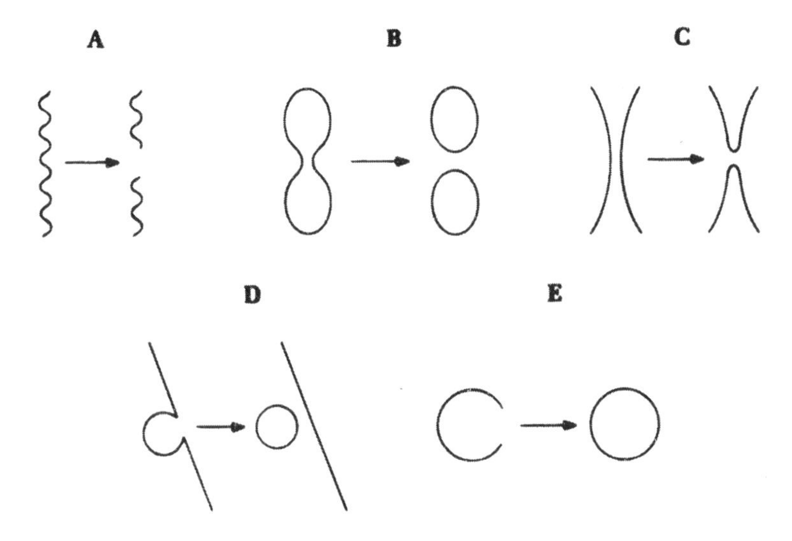

这里展示了五种类型的弦交互作用。在图A中，弦拆分并创建两个较小的弦；在图B中，闭合弦夹住并产生两个较小的弦；在图C中，两个弦碰撞并重新形成两个新的弦；在图D中，单个开放弦重新形成并创建一个开放的弦和一个封闭的弦；在图E中，开放的弦的末端接触并创建一个闭合的弦。

我们将这些费米图推广到“环”来检验这个理论。和以前一样，当弦形成循环时，费米图上所有的分歧（如果有的话）都会出现。在普通的重整化理论中，我们被允许重组这些分歧和使用其他技巧来消除它们。然而，在引力理论中，这种重组是不可能的，序列中的每一项必须是有限的。这就给该理论带来了巨大的限制，单一的无限图会破坏整个程序。结果，几十年来，物理学家对能够消除这些无限性一直感到绝望。

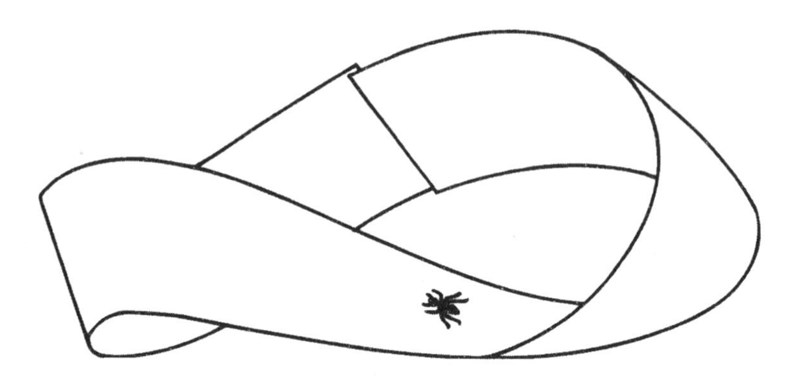

莫比乌斯带表示碰撞开放弦的单环费曼的几何形状。

令人惊讶的是，人们知道交互弦的费曼图是有限的。出现一系列惊人的消除，似乎消除了所有潜在的无限项，产生了有限的答案。

证明超弦理论没有分歧需要一些最奇怪的几何结构。例如，在一个简单的单循环图中，费曼图的内部是由圆形条或管表示。

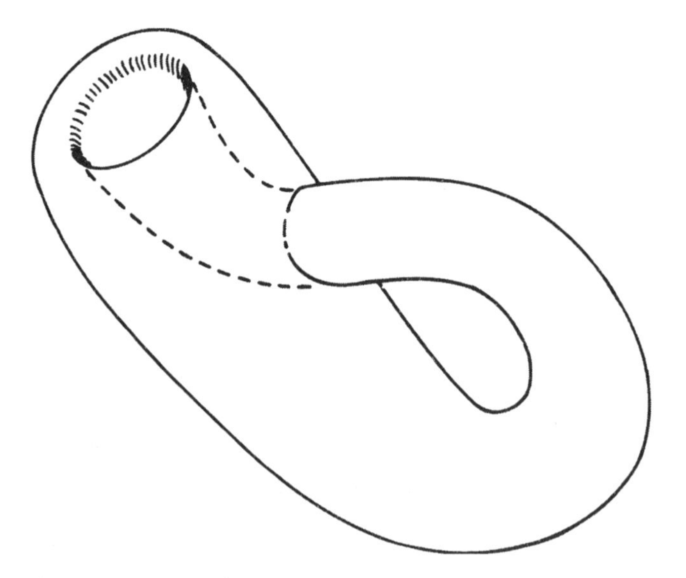

克莱因瓶代表碰撞闭合弦单环费曼图的几何形状。

然而，完整的理论要求纸带或管子被扭曲。如果我们扭曲一条圆形的带子，会得到一个叫做莫比乌斯带（只有一面的带）的几何对象。每人都知道，一条纸带有两面。然而，如果我们扭曲一边，然后将两边粘在一起，我们能得到一个单面带。一只沿着这条带内侧移动的蚂蚁很快会发现自己正在向外面行走。类似地，当扭转一根圆管，我们能得到一个更奇怪的叫克莱因瓶的物体，它的二维表面只有一侧，每个人都知道空心管有两个侧面——内侧和外侧。然而，如果我们将管子的一端扭转 180 度，然后通过连接这两端扭曲管子，我们可得到一个克莱因瓶。

历史上，莫比乌斯带和克莱因瓶只不过是几何奇趣，没有实际应用。然而，对弦物理学家来说，两者都是含有环路的费曼图的一部分，是为了消除分歧的基本。

超弦理论的死亡

虽然超弦理论是一个美丽的数学公式，似乎适合一些强交互数据，但这个模型有着令人沮丧的困难。

首先，该理论预测了太多的粒子。这个理论有像“引力子”（引力的量子包）和光子（光包）一样的粒子。事实上，闭合弦的最低振动对应于重力，开放弦的最低振动对应于光子。

对于一个描述强相互作用而不是重力或电磁作用的理论，这是灾难性的。在强相互作用理论中，引力子和光子有什么作用？（事实上，这是一种变相的幸事，但当时的人们并未认识到。在弦理论中，引力和光的相互作用正是形成统一场论的必需。）

其次，这个理论似乎预测了“超光速粒子（tachyons）”的存在，是比光速更快的粒子。这些粒子是不可取的，因为它们暗示违背因果关系——也就是说，回到过去，遇见生你之前的母亲。

第三，也是最具破坏性的，物理学家很快发现，最初的南布理论仅在二十六维上是自洽的。（对任何理论来说，不一致就接近死亡。例如，如果一个理论不一致，它最终会做出荒谬的预测，例如，1 +1 =3。）

欧洲核子研究中心的克劳德·洛夫莱斯（Claude Lovelace）首先发现了在二十六维似乎有更好的数学结构的弦模型。然后是麻省理工学院的理查德·布劳尔（Richard Brower）和查尔斯·索恩（Charles Thorn）等人提出，除非该理论能在二十六维定义，否则该模型将崩溃。很快，物理学家发现弦理论模型只在十维自洽。

对大多数物理学家来说，十维实在太多了。对于习惯了四维思考的科学家来说，这个理论更像科幻小说，而非真正的科学。结果，超弦理论在1974年失宠了。许多物理学家（包括加来道雄）不情愿地抛弃了这个模型。

加来道雄仍然记得许多物理学家在知道这个模型只能在二十六维和十维是一致时所感到的震惊和沮丧。我们都记得尼尔斯·玻尔的名言："伟大的理论应该足够疯狂，但它把我们科学想象的极限延伸到相信宇宙可能存在于二十六维甚至十维上。"

众所周知，空间有三个维度：长度、深度和广度。宇宙中任何物体，从一只蚂蚁到太阳都能用这三个维度来描述。

如果我们想描述太阳的年龄，我们还需要一个维度：时间。利用这四个量（长度、深度、宽度和时间），我们可以描述宇宙。因此，物理学家说，我们生活在一个四维的宇宙中。

科幻作家最喜欢的一种方法是发明一个超过四个维度的世界。假设"平行宇宙"存在，它类似于我们自己的世界，但却在不同的维度上。这只是作家的作品，物理学家从未认真看待平行宇宙这个想法。所以，当弦的模型预测一个高维度的宇宙时，它被大多数物理学家拒之门外。

1974—1984年，研究弦模型的物理学家变得更加贫乏，多数物理学家致力于电弱理论和GUT理论的快速发展。只有最敬业的员工，比如伦敦玛丽女王学院的迈克尔·格林（Michael Green）和加州理工学院约翰·施瓦茨（John Schwarz）继续研究这个理论。

1976 年，几位物理学家试图通过提出一种古怪的建议来复活这个理论。巴黎的乔尔·舍尔克（Joel Scherk）和约翰·施瓦茨（John Schwarz）建议对弦模型作重新解释，他们决定将邪恶变成美丽。在他们的方法中，超弦理论是用于错误问题的正确理论。它不是一个强相互作用的理论，而是一个宇宙理论！

这种对弦模型的重新解释遇到了极端的怀疑主义。毕竟，这一理论仅在预测强相互作用方面取得了适度的成功，现在的舍尔克和施瓦茨却欲使其成为解释宇宙的理论。这个想法尽管聪明，但并不严肃。毕竟，这个理论确定在十维。施瓦茨总结了当时的情况，他说，“没有人指责我们是疯子，但我们的工作确实被忽视了。”

弦之子

具有讽刺意味的是，尽管超弦理论在 20 世纪 70 年代作为一个强相互作用的模型消亡了，20 世纪 80 年代我们称之为“弦之子”的理论却花繁叶茂。尽管弦本身不受青睐，但它的很多副产品在 1974—1984 年却占据了主导地位，成为了交叉的理论物理学科。弦有如此丰富的理论，它的副产品在物理学界广泛流传。

例如，康奈尔大学的肯·威尔逊（Ken Wilson）使用弦这个新颖的概念提出夸克被一种像弦一样的黏稠物质聚集在一起。他提出这个理论是为了回答一个令人困惑的问题：夸克在哪里？尽管在过去的 20 年里夸克已被物理界普遍接受，但没人在实验室里见过它。盖尔曼等人提出，这些夸克可能被某种神秘力量“束缚”。

威尔逊的理论提出，在夸克理论中发现的杨 - 米尔斯胶子通常以粒子形式出现，在某些情况下可“浓缩”成黏稠的每一端有夸克的太妃糖，就像蒸汽凝结成水滴那样。根据这一逻辑，夸克从未被发现，是因为它们永久地被弦束缚着。

当时，国家科学基金会拨款数百万美元制造世界上最大的计算机（第五代计算机）以回答类似于威尔逊提出的问题。威尔逊的弦理论在原则上很强大，足以计算强相互作用的几乎所有属性。他在这一领域做了被称为“相变”的开创性工作，并已对固态物理和夸克模型产生了直接影响，因此威尔逊于1983年获得了诺贝尔奖。

弦的另一个衍生物是“超对称”（后面的章节将详细讨论）。虽然，超对称的首次发现是在十维理论中，但它能应用于四维理论。20世纪70年代后期，超对称变得时髦。事实证明，GUT理论患有某些超对称可以医治的病症。

后来，一种更复杂的超对称，一种包括重力的超对称被提了出来，称“超重力”。这个理论最初由彼得·范·尼乌文辉（Peter van Nieuwenhuizen）、丹·弗里德曼（Dan Freedman）和塞尔焦·费拉拉（Sergio ferra）提出，他们当时都在纽约州立大学石溪分校从事研究工作。这个理论成为了60年里爱因斯坦方程的第一个非凡的扩展。（超重力理论，由于其基于超对称而成立，实际上被包含在超弦理论中。）

最后，甚至物理学家对高维空间的偏见也在20世纪80年代初开始被破除。那时，卡鲁扎-克莱因模型变得时髦起来。某些量子效应可以让更高维的理论在物理上被接受（这个问题将在稍后作更详细的解释）。

虽然弦的孩子们主导了理论物理在70年代末和80年代初的方向，但它们的父母却不太受欢迎。这是一个科学上知道的拥有最大对称集的理论，却遭到了忽视。不过，这种情况在1984年，当物理学家重新审视某些叫做“异常”的东西时，开始发生了变化。

超弦论 意外的胜利和精明的观察

量子力学与相对论结合的另一个副产品是异常。异常很小，但它在量子场论中是一个潜在的或许致命的缺陷，必须被取消或消除。这些异常不被消除，这个理论将没有意义。

异常类似于混合最好的黏土、沙子和矿物制造釉面陶器时出现的小缺陷。如果在混合正确比例的配料时出现了哪怕一小点儿的错误，这个小瑕疵也足以毁掉成品，导致它最终破裂。

异常告诉我们，一个理论不管多优雅，最终一定会导致不一致的出现，只能做出荒谬的预测。异常还告诉我们，大自然在建造引力的量子场论时要求有另一个限制。事实上，有很多对量子理论的限制，就像S矩阵理论一样。

大多数对称理论都存在异常。例如超弦模型是十维的［如俄罗斯物理学家A. M. 波利亚科夫（A. M. Polyakov）所展示的］，因为需要更高的维度来消除异常。

普林斯顿大学的爱德华·维特（Edward Witten）和路易斯·阿尔瓦雷斯·高梅（Luis Alvarez-Gaume）发现，当量子场论被用来描述重力与其他粒子相互作用时，这个理论充满了致命的异常。1984年，格林和施瓦茨观察到超弦模型具有足够的对称性，可以彻底地禁止异常。超弦的对称性曾被认为太美丽没有实际应用，现在成了消除所有无限性和异常的关键。

这一认识引发了人们对超弦理论兴趣的激增。诺贝尔奖获得者史蒂文·温伯格（Steven Weinberg）听到了超弦的激动人心的消息后，立即转向研究超弦理论。“我放弃了我正在做的一切，”他回忆道，“包括我正在写的几本书，我开始学习关于弦理论我所需要的一切。”然而，学习一门全新的数学并不容易。“数学非常之难”，他承认道。

这种转变令人吃惊。几个月内，弦理论从一个漂亮但无用的古玩变成了也许是统一场论的唯一希望。异常现象并未摧毁建立量子理论的任何希望，而是复活了超弦理论。20世纪80年代早期发表的超弦文章只是涓涓细流，至1995年文章数量已增长到超过1 000篇，使这一理论成为了理论物理的主导力量。

科学史上，类似的例子虽然罕见，却也真实存在——发现一个明显的“缺陷”最终变成了巨大的“财富”。例如，1928 年，亚历山大·弗莱明（Alexander Fleming）发现他的葡萄球菌菌落培养皿如不小心被某些面包霉菌污染，将会遭到破坏。起初，他发现，采取保护措施以防止菌落培养被这些霉菌破坏是件令人讨厌的事情。但随后，弗莱明恍然大悟，也许杀菌的霉菌更重要。这一观察导致了青霉素的发现，弗莱明也因此在 1945 年获得了诺贝尔医学奖，他将这称为“意外的胜利和精明的观察”。

超弦理论就像一只从灰烬中飞起的凤凰，它重新回来了且是轰轰烈烈的，这次胜利主要归功于施瓦茨和格林意外的和精明的观察。

7 对称性：缺失的一个环节

什么是美？

对音乐家来说，美可能是和谐的交响乐，能激起巨大激情的作品。对艺术家来说，美可能是一幅绘画从自然中捕捉到的美丽的场景，或浪漫概念的象征。对于物理学家来说，美意味着对称。

在物理学中，对称性最明显的例子是晶体或宝石。水晶和宝石是美丽的，因为它们具有对称性——如果我们以一定角度将它们旋转，它们仍能保持相同的形状。

我们说，晶体旋转一定的角度是不变的，因为晶体旋转将回到自身。例如，一个立方体围绕它的任何轴旋转 90 度仍能保持原来的方向；球体则更对称，因为它在所有可能的旋转下都将保持不变。

同样，当将对称性应用于物理学时，我们要求进行某些“旋转”时，方程仍能保持相同。这种情况下，当将空间变成时间，或者将电子变成夸克时，旋转（实际上是洗牌）发生。如果在进行这些旋转之后，方程仍然保持相同，我们称该方程有美丽的对称性。

物理学家经常争论这样一个问题：对称性只是人类特有的美学问题，还是大自然朴实定律（大自然是否也喜欢对称）？

宇宙似乎并非对称地被创造——宇宙不完全由美丽的冰晶和宝石组成，相反，它看起来破碎得可怕。锯齿状的岩石、蜿蜒的河流、无形的云、不规则的山脊、随机的化学分子，或者已知的暴风雪般的亚原子粒子，似乎不太对称。

然而，随着杨－米尔斯和规范理论的发现，我们开始意识到，大自然在本质的层面上更喜欢对称（不只是在物理理论中），大自然需要对称。物理学家现在意识到，对称是构建没有灾难性异常和分歧的物理定律的关键。

对称性解释了为什么所有潜在的有害分歧和异常在超弦理论中完美地相互抵消，而这些分歧和异常足以扼杀其他理论。事实上，超弦模型具有如此巨大的对称性，以至于该理论可以包含所有电弱理论、GUT 理论，以及爱因斯坦广义相对论所有已知的对称。还有许多宇宙中尚未被发现的很多对称性在超弦理论中找到。回想起来，很明显对称是超弦理论如此有效的原因。

物理学家现在意识到，对称是消除任何相对论性量子理论面临的潜在致命问题的必需。尽管科学家更喜欢理论具有对称性是出于纯粹的美学原因，但他们越来越认识到大自然从起始就要求对称性，这将成为接受相对论和量子力学融合的铁的标准。

这在开始阶段并不明显。曾经，物理学家相信，他们可以写下许多可能的自我一致的宇宙理论——相对论、量子力学。现在，出乎我们的意料，我们发现消除分歧和异常的条件实在太严格，以至于只允许一种理论的存在。

超弦论 对称与群论

对称的数学研究被称为“群论”（群论中的一个组仅仅是一组由精确的数学规则连接的数学对象），这源于出生于 1811 年的伟大的法国数学家埃瓦里斯·伽罗瓦的工作。伽罗瓦仅利用对称性的力量，在十几岁时就解决了困扰世界最伟大数学家 500 年的问题。例如，我们有等式 $x^2+bx+c=0$，我们在高中的代数课上可使用平方根找到 x 的解。问题是：五次（五次幂）方程，$ax^5+bx^4+cx^3+dx^2+ex+f=0$，是否也能用这样的方式求解？

令人惊讶的是，这个少年创造了一个新的理论。这个理论如此强大，以至于能回答这个数学世界中最优秀人才几个世纪以来一直不曾解决的问题。他的解决方案展示了群论的巨大力量。

不幸的是，伽罗瓦远领先于他的时代，当时的其他数学家并不欣赏他的开创性研究。比如，当他申请进入著名的巴黎综合理工大学（École Polytechnique）时，他做了一次数学讲座，水平超过了考试委员会的负责人。结果，他遭到了拒绝。

然后，伽罗瓦总结了他的主要发现，并将论文发给了数学家奥古斯丁－路易·柯西（Augustin-Louis Cauchy），以提交给法国科学院。柯西并未意识到这项工作的重要性，丢失了伽罗瓦的论文。1830 年，伽罗瓦提交了另一篇论文给科学院去竞争奖项，裁判约瑟夫·傅立叶（Joseph Fourier）在此竞争前不久去世，文章依然丢失了。伽罗瓦最后一次沮丧地提交自己的论文给学院，但这次，数学家西蒙－丹尼斯·泊松（Simeon-Denis Poisson）以“不可理解”的批语作了驳回。

伽罗瓦出生在一个革命席卷全球的时代，他拥抱了 1830 年的革命事业。他最终被巴黎高等师范学院（École normale supérieure）录取，但由于他是激进分子，很快遭到了开除。他于 1831 年在一次集会上因鼓动反对路易·菲利普国王而被捕。历史记载，一年后，一名警察特工，一名密探，发起了一场与他的决斗。（伽罗瓦显然和一个女人有关系，为了荣誉用手枪决斗。）伽罗瓦被杀了，才 20 岁。

幸运的是，决斗的前一天夜晚，伽罗瓦有了死亡的预感。他在给朋友奥古斯特·切瓦利埃（Auguste Chevalier）的信中写下了自己的主要成果，要求在《百科全书杂志》上发表，这封信包含了他关于群论的主要思想。（一个世纪后，数学家仍然困惑于他的笔记，因为他提到了直至他死后 25 年才被发现的数学方程。）

尽管群论由于它的创始人伽罗瓦之死遭受了无可争议的损失，但就其本身而言，它不仅在数学上优雅还能应用到其他问题上发挥强大威力。它具有某些奇怪和奇妙的对称性，使我们能解决很多其他手段无法解决的问题。（群论现在在数学中占有重要地位，一些地方的高中会对学生教授。任何曾努力学习“新数学”的人都应感谢伽罗瓦。）

伽罗瓦之后，群论在19世纪后期由挪威数学家索菲斯·李（Sophus Lie）发展为一个成熟的分支。李完成了某种类型的所有群的艰巨的编目任务（现在为纪念他，称李群）。随着完全基于抽象数学的李群的发展，数学家们认为，他们终于发现了一个对物理学家没有任何实际用途的知识分支，它是纯数学的。（显然，数学家喜欢创建纯粹的数学，没有实际应用也不重要。）

一个世纪以后，这个“无用的”李群为所有的物理宇宙提供了基础！

李群——对称的语言

李最伟大的成就之一是将某一类型的所有的群分成7个品种。譬如说，一类李群称为O（N）。

沙滩球是具有O（N）对称的物体的最简单的例子。不管沙滩球以什么角度旋转，都会旋转回自身。我们说，这个球有O（3）对称性（O代表“正交”，3代表空间三维）。

O（3）对称性的另一个例子是原子本身。因为作为所有量子力学基础的薛定谔方程在旋转下不变，方程的解（是原子）也具有这种对称性。原子拥有旋转对称这一事实是薛定谔方程O（3）对称的直接结果。

李还发现了一组称为SU（N）的旋转复数的对称性。最简单的例子是U（1），它奠定了麦克斯韦方程的对称性（“1”代表只有1个光子）。其他简单例子有SU（2），它可以旋转质子和中子。海森堡在1932年首个证明了这些粒子的薛定谔方程除了电荷外是非常相似的，可以将薛定谔方程写成将这两个粒子混在一起时保持方程不变。另一个例子是温伯格－萨拉姆理论，如果我们将电子和中微子相互旋转，可以发现它仍然保持相同。因为它旋转两个这样的粒子，所以它有对称群 SU（2）。因为它还包含麦克斯韦的 U（1）对称性，因此，温伯格和萨拉姆的完全对称是乘积 SU（2）×U（1）。

坂田和他的合作者随后展示了强相互作用可以用对称群 SU（3）表示，它旋转构成强相互作用粒子的 3 个亚核粒子。此外，SU（5）是最小的 GUT 理论，可以写成能交换 5 个粒子（电子、中微子和 3 个夸克）。自然地，如果我们有 N 个夸克，对称群将是 SU（N），N 可以为任何数。

也许，最奇怪的李群是 E（N）群。很难想象 E（N）对称的最简单的例子，因为这些神秘的群无法用普通物体表达。没有雪花或水晶拥有 E（N）对称性。这些对称性是李通过抽象代数运算发现的，与实际物体没有任何关系。这些群的怪异之处在于，由于纯粹数学的理由，N 的最高值可以取 8。（为什么最大数字是 8，需要懂得高等数学。）

E（8）群是超弦的对称之一。由于 8 是可以构造的最大数量，因此奇怪的“数字命理学”的形式正在出现，它与弦模型中发现的二十六维和超弦中发现的十维紧密相连。（“数字命理学”的起源甚至对数学家来说也是未知的。如果我们能理解为什么数字 8、10、26 在超弦理论中连续地意外出现，也许我们就能理解为什么宇宙出现在四维上。）

因此，统一场论的关键是采用李群作为统一的数学框架。当然，今天，这似乎很容易。物理学家为李群和统一场论的发展感到自豪，它们有着令人惊讶的优雅和美丽。然而，当时的情况并非如此。大多数物理学家一再表现出他们的顽固和愚蠢，强烈抵制将李群和统一引入物理学。也许可能的一个理由是，只有少数物理学家能比其他人看得更远。

弦论超　对统一的敌意

1941 年，在发现 W 粒子和最高实验证实电弱理论的 42 年前，哈佛大学的朱利安·施温格（Julian Schwinger）向J. 罗伯特·奥本海默（J. Robert Oppenheimer）提到弱力和电磁力可以结合起来变成一种理论。施温格回忆，“我向奥本海默提到了这点，他非常冷淡。毕竟，这是一个大胆的猜测。”

施温格尽管灰心丧气，但仍然坚持不懈地支持这个高等数学理论。施温格是曾经的神童，对高等数学不陌生。他14岁就进入了城市学院，后转入纽约哥伦比亚大学，并在17岁毕业，20岁获得博士学位。28岁，他成为了哈佛大学有史以来最年轻的全职教授。

1956年，施温格向诺贝尔奖获得者哥伦比亚大学的伊希斯多尔·艾萨克·拉比（Isidor Isaac Rabi）展示了一个非常完整的电弱理论。拉比直言不讳地回答，“每个人都讨厌那篇文章。”

当施温格意识到自己的电弱理论违反了一些实验数据时，他举起双手将自己的荒谬理论递给他的研究生谢尔登·格拉肖。[当然，施温格当时认为是实验数据错了，而不是他的理论错了。与格拉肖和施温格因电弱理论一起获得诺贝尔奖的阿卜杜勒·萨拉姆（Abdus Salam）后来说，“如果那些实验数据没有错，他也许能拿下当时的全部奖项。”]

尽管格拉肖和他的合作者受到了其他物理学家的嘲笑，但他们走上了正确的轨道。他们在数学上使用SU（2）联合了电子和中微子。电磁学理论本身具有U（1），完整的理论应具有对称性SU（2）×U（1）。不过，整个物理学界几十年来一直忽视了这一理论。

坂田和他的同事也受到了同样冰冷的对待。20世纪50年代，在盖尔曼引进夸克的几年前，坂田和他的合作者反对主流观点，预测在强子下面有一个符合SU（3）对称性的亚层存在。但坂田的亚核理论太超前，不能被其他物理学家完全消化，他的想法被大家认为太古怪。

和其他领域的一些专业人士相似——物理学家多年来一直努力解决一个问题，突然有人给出了整个问题的答案，他们会既怀疑又嫉妒。就像一个侦探试图解决一个谋杀之谜。想象某人花了几个月的时间汇总解开秘密的线索。证据中存在许多漏洞，一些证据甚至表现得自相矛盾。

（这人是聪明的，但不是天才。）当他正琢磨一组线索时，一个鲁莽的年轻侦探冲进房间，看着线索，找出了一个模式，脱口而出，“我知道凶手是谁！”沉闷的侦探可能会感到某种程度的愤恨和嫉妒。

经验丰富的侦探会告诉年轻的侦探，证据如存在很多缺口，猜测答案为时尚早。他可能会说，任何人都可以提出一个谁是凶手的理论。事实上，他可以提出数百个理由，称年轻侦探认识不到仔细的老练的不急于下结论的侦探看得更深远。他的论证甚至可以说服年轻的侦探，正如奥本海默对施温格所做的，提出一个特定的人是杀手是个愚蠢的想法。

但是，如果年轻的侦探是正确的呢？

这种特殊的敌意来自大多数遭受机械思维过程折磨的物理学家，经常在西方物理学家中出现，他们通过检查各个部件的机械运动试图理解物体的内部运作。虽然这种想法在确定特定领域的定律中取得了不可否认的成功，但它使人看不到全局，也看不到更大的模式。几十年来，这种机械思维使物理学家产生偏见，容易让他们站在始于20世纪20年代的爱因斯坦的统一角度的思考方式的对立面。

弦论超 杨－米尔斯理论

20世纪50年代，在长岛布鲁克海文国家实验室的物理学家杨振宁（Chen Ning Yang）和他的同事罗伯特·米尔斯（Robert Mills）知道还未得到应有关注的一个好的建议的一切。他们提出的展示对称和统一力量的建议，多年来一直被忽略。

杨振宁，1922年出生于中国合肥，他的父亲是一名数学教授。杨毕业于清华大学，但他并未像之前的奥本海默那样去德国朝圣。对下一代物理学家们来说，第二次世界大战后的物理学会被移民的欧洲人掌握，这意味着美国的旅行。

杨于1945年抵达美国，并很快采用绰号“弗兰克”，以他的英雄本杰明·富兰克林的名字命名。1948 年，他在芝加哥大学获得博士学位。由于意大利物理学家恩里科·费米（Enrico Fermi）的存在，这里成为了战后物理学研究的圣地。费米在 1942 年第一个展示了核链式反应是可以控制的，这导致了原子弹和核电站的制造。

早在 1947 年，杨还是研究生时，他就致力于得出一个比麦克斯韦理论更完善和更统一的理论。事后看来，麦克斯韦的理论除了具有爱因斯坦发现的相对论的时空旋转下的不变性以外，还有另一种对称，叫做 U（1）。这个对称性可以推广到 SU（2）和更高版本吗？

海森堡早些时候已证明，SU（2）是在薛定谔方程中通过混合质子和中子产生的对称性。海森堡创造了一种理论，其中质子变成中子时基本方程“不变”（保持相同）。海森堡认为，质子和中子以月球上和地球上不同的角度混合时保持不变，这种对称性对质子和中子的实际放置的位置不敏感。

然而，杨问了自己一个问题：如果我们创造了一个更复杂的理论，离开月地系统，在空间任何一点进行不同角度的混合会发生什么？

在空间任何一点不同的旋转会发生什么，这一想法被纳入了杨－米尔斯理论（也叫规范理论）。当杨和他的合作者在 1954 年研究出这个理论的细节时，他们发现如假设有一个新的中间粒子这种局部对称性将能满足，这个中间粒子很像弱相互作用的 W 粒子。

物理界对他们这篇将成为本世纪最重要论文的反应是冷漠。

杨－米尔斯粒子的问题是，它具有太多对称性。它不像自然界中任何其他的已知粒子。例如，该理论预测杨－米尔斯粒子没有质量，但推测 W 介子（W－meson）有有限的质量。因为杨－米尔斯粒子与自然界中发现的任何粒子不匹配，这一理论在未来 20 年成为了科学好奇。为了使杨－米尔斯理论变得实际，物理学家必须设法打破这些对称，同时仍然保留这个理论所有好的特征。

因此，近 20 年来，杨－米尔斯理论备受折磨，偶尔被好奇的物理学家探索，但又遭到放弃。这个理论没有实际应用，因为：（a）它或许是不可重整的（但没人能证明这点）；（b）它只描述了无质量粒子，而W粒子（W - particle）有质量。科学的历史有许多曲折，但忽视杨 - 米尔斯理论的确是科学最大的失误之一。

苏格兰物理学家彼得·希格斯（Peter Higgs）取得了一些进展，他注意到有可能打破杨 - 米尔斯理论的某些对称性，从而获得具有质量的粒子。杨 - 米尔斯理论现在听起来很像W粒子理论，但没人相信这个理论可重整化。随着来自荷兰的24岁物理学家的工作，一切都发生了改变。

弦论超 标准旋转

1971年，杰拉德·特·胡夫特（Gerard't Hooft）指出，杨 - 米尔斯理论用希格斯发现的方法是可重整化的，这使它成为弱相互作用的合适理论。不夸张地说，这些规范理论是可重整化的证据引发了物理世界的火山。自19世纪60年代麦克斯韦以来，一个可联合自然界的一些基本力的理论诞生了。

起初，该理论与SU（2）×U（1）一起用于描述电弱力。然后用在SU（3）胶子理论中将夸克绑在一起。最后在SU（5）中使用，或者在更高的群里将所有已知的粒子组装成一个家族。

物理学家回顾“规范革命”，吃惊地意识到，宇宙比他们预期的要简单很多。正如史蒂文·温伯格曾说的：

> ……虽然对称性对我们来说是隐藏的，但我们可以感觉到它潜伏在自然界，支配着我们周围的一切。这是我知道的最激动人心的想法——大自然比我们看上去的要简单得多。没有比这更激动的事情了，我们这代人实际上能将宇宙的钥匙牢牢掌握在手中。也许，在我们的有生之年，我们可以解密巨大星系和粒子中的一切逻辑观

点为何不可避免。

超弦论 从 GUT 到弦

GUT 模型令人兴奋，因为它能在假设只由夸克、轻子（电子和中微子）和杨 - 米尔斯粒子构成的本构粒子的存在下联合数百个粒子。

然而，问题出现了。随着时间流逝，原子粉碎机发现了越来越多的“基本”夸克和轻子，包括 1974 年发现的第 4 个夸克。再次，历史似乎又将重复。

早在 20 世纪 50 年代，物理学家们就被淹没在强相互作用发现的亚原子粒子的海洋，这导致了 SU（3）和夸克模型的发现。70 年代末至 80 年代初，更多的夸克被发现。但是，正如我们在第 5 章中看到的，它们只是前一组夸克的复制品。对物理学家来说，夸克复制品的存在，意味着 GUT 理论不能成为宇宙的基本理论。

超弦理论与 GUT 不同，它通过假设一个单一的实体解决了增殖夸克的问题，这个单一的实体就是弦，有着 E（8）×E（8）对称性的物质基本单位。为什么 GUT 粒子有 3 个多余的家族？

电子家族	μ 子家族	τ 家族
电子	μ	τ
中微子	μ 子中微子	τ 中微子
上夸克	奇异夸克	顶夸克
下夸克	粲夸克	底夸克

GUT 理论的最大尴尬是——它不能解释为什么有 3 个相同的粒子家族。超弦理论认为——这些多余的家族可被解释为同一弦的不同振动。

［李发现，除了 SU（N）群，还有一个其他类的称为 E（6）、

E（7）和E（8）的群（E代表“例外”）。这些群是例外的，因为它们不会永远继续下去，而会停在E（8）。这对弦理论非常重要。]

折纸和对称

超弦理论非常有效，因为它有两套强大的对称——共形对称和超对称。这里，我们可以用折纸来说明第一个对称。（第二个将在下章讨论。）

早些时候，我们看到过用组装式玩具计算点粒子的S矩阵。用棍子和关节可创造一个无限数量的费曼图，归纳起来可产生S矩阵。然而，大部分这些费曼图无法解释。我们只是盲目地将组装式玩具附在所有可能的方式上。幸运的是，对于那些简单的诸如量子电动理论，只需要几张图表就能与数据获得惊人的一致。

然而，在引力的量子理论中，需要几万张这样的图以代表一个循环图。并且，这些图大部分是不同的。自然如此复杂？任何花了数年时间研究这些图，翻阅数千页密集方程式的人，都会产生一种共识——必然存在一个基础模式。

超弦理论提供了这种对称性，允许这些成千上万的图缩减成几个图。巨大的优点是，它们可以像橡胶那样被拉伸和收缩，值不会被改变。例如，在第一个环路，代替成千上万费曼图的只有一张图。它能证明所有的成千上万的不同的循环费曼图可通过伸展彼此相等。

显然，这种对称性极大地简化了理论。事实上，这种对称性非常强大，以至于它消除了成千上万个分歧，得出了有限的S矩阵。

弦论 超 打破对称

如果自然是对称的，那么物理学家的工作将容易许多。统一的理论可想而知，只存在一种基本力，而不是四种力。自然界对称性遭到破坏的形式的数量是吃惊的。例如，世界不是完美的水晶或统一的，而是充满了不规则的星系，不平衡的行星轨道……大自然充满了因为对称性被破坏而被隐藏的例子。[事实上，如果对称永远不被打破，宇宙将会是个相当沉闷的地方。人类不可能存在（因为不会有原子），生命不可能存在，化学也会崩溃。因此，对称性的打破促使了宇宙的丰富多彩。]

例如，打破对称性的研究解释了水的冻结，液态水具有极强的对称性。无论怎样转动，它仍然是水。事实上，即使是控制水的方程也具有同样的对称性。然而，当我们慢慢将水冷却，随机的冰晶从各个方向形成，形成一个最终变成固体冰的混沌网络。问题的本质是：尽管原始方程具有极强的对称性，但方程的解不一定拥有这种对称性。

这些量子跃迁发生的原因是，大自然总是“偏爱”处于较低的能量状态。我们总能看到，水从山上向山下流动，它试图达到更低的能量状态。量子跃迁的发生是因为系统最初是处在错误的能量状态（有时称之为“假真空”），且更愿意跃迁到较低的能量状态。

弦论 超 对称恢复

在这点上，分析对称性的碎片来揭示隐藏的对称似乎是一项无望的任务。然而，有一种方法可以恢复原始对称性：加热物质。例如，通过加热冰我们能回收水的 O（3）对称。同样，如果我们想恢复这 4 种力的隐藏的对称性，我们必须重新加热——回到大爆炸，那里的温度高到足以恢复被打破的超弦的对称性。当然，我们不能在实际上重新加热宇宙，重新创造大爆炸的条件。然而，通过对大爆炸的研究，我们能分析宇宙的对称性完好无损的那个时代。

事实上，物理学家怀疑，创世之初的温度非常高，以至于所有 4 种力都融合成了 1 种。然而，宇宙冷却，将这 4 种力保持在一起的对称性会被逐个瓦解。

换句话说，我们今天看到 4 种力的原因是宇宙是如此古老和寒冷。如果我们目睹了大爆炸，如果这个理论是正确的，我们会看到所有的物质都表现为超弦对称，如我们将在下章中解释的超对称。

然而，物理学家声称超对称是关键，超对称又是一个如此简单的理论，为什么物理学家这么多年不能理解它？

8 超对称

发现超弦，最突出的人是加州理工学院的约翰·施瓦茨。

与其他一些顶尖的超弦物理学家一样，约翰·施瓦茨也来自科学家家庭。他父亲是工业化学家，母亲是维也纳大学的物理学家。他的母亲甚至在巴黎居里夫人那儿找到了一份工作，但在开始正式的工作前，那位伟大的化学家不幸离世。约翰的父母来自匈牙利，随着欧洲大规模的纳粹反犹情绪上升，他们在1940年逃离欧洲，定居美国。约翰1941年出生在美国马萨诸塞州的北亚当斯。

他在哈佛大学开始了数学专业的本科学习，但在1962年毕业于物理专业。“我开始对数学感到沮丧，”他回忆，“虽然它很有趣，但我不明白它的意义。物理就不同了——试着回答大自然提出的问题在我看来似乎更有意义，且更令人满意。”

哈佛毕业后，他去了美国加州伯克利大学研究生院。他深情地回忆，“那时，那里是理论物理的温床。”S矩阵理论正处在高峰时期，他和普林斯顿的大卫·格罗斯都在杰弗里·丘手下工作。在伯克利那个时候的未来名人中，还有初级教员史蒂文·温伯格和谢尔登·格拉肖。“当温伯格走进房间，”施瓦茨说，“他身上自带某种光环，一看就知道他是个重要人物。”

1966年，施瓦茨带着博士学位离开伯克利，去了普林斯顿大学。在那里，他和两位来自巴黎的年轻的法国物理学家安德烈·内沃（Andre Neveu）和乔尔·谢克（Joel Scherk）一起工作，他和他们共同发表了一系列开创性的超弦论文。1971年，内沃和施瓦茨意识到，威尼斯诺和铃木提出的贝塔函数有一个根本性的缺陷——他们的理论无法描述在大自然中发现的所有“旋转”粒子。

所有物体都有“旋转”或角动量——从星系（一次旋转可能需要数百万年时间）到亚原子粒子（能每秒旋转数百万次）的每个事物。我们熟悉的物体，如陀螺，它能以任何速度旋转。又如，拨动转盘唱机转速，可以轻松地将转速从每分钟 $33\frac{1}{3}$转调整到每分钟 78 转。

然而，在量子世界，电子的自旋不以任意数量出现。就像光一样，只能以离散的光子束出现，亚原子粒子只能以一定的角动量旋转。

事实上，量子力学将世界上所有的粒子分为只有两种类型——玻色子和费米子。

作为费米子的一个例子，看看你的身体，电子和构成你体内原子的质子都是费米子。你看到的周围的一切，包括墙壁和天空，皆由费米子构成，有半整旋：$\frac{1}{2}$、$\frac{3}{2}$、$\frac{5}{2}$等，以普朗克常数为单位测量。费米子是为了纪念恩里科·费米（Enrico Fermi）而命名。

作为玻色子的一个例子，可以想想阻止你不会被旋转到外太空的引力，或者想想光本身。没有玻色子，宇宙是黑暗的，也没有任何引力将星星聚集在一起。玻色子有整数自旋：0、1、2 等。玻色子是以印度物理学家萨延德拉·玻色（Satyendra Bose）的名字命名的。

费米子	自旋	玻色子	自旋
电子	$\frac{1}{2}$	光子	1
中子	$\frac{1}{2}$	引力子	2
质子	$\frac{1}{2}$	W 粒子	1
中微子	$\frac{1}{2}$	π 介子	0
夸克	$\frac{1}{2}$		

粒子的自旋用普朗克常数的单位量化和测量，除以2π，这是一个非常小的数字。例如，电子自旋为$\frac{1}{2}\times\frac{h}{2\pi}$，光子自旋为$1\times\frac{h}{2\pi}$。

今天，我们意识到，南布的弦理论解释了威尼斯诺－铃木贝塔函数的起源，它只是一个玻色子弦。内沃（也译奈芙）、施瓦茨和雷蒙在1986年通过发明伴随玻色子弦的费米子弦完成了这个理论。内沃－施瓦茨－雷蒙理论（稍加修改）成为了今天的超弦理论。

内沃、施瓦茨和雷蒙理论预言了一个新的S矩阵，其性质比威尼斯诺和铃木的老的S矩阵更好，但这些近乎奇迹属性的起源不明。每当有如此神奇的“巧合”出现，物理学家都会怀疑隐藏的对称性是其原因。

1971年，纽约市立大学的本吉·萨基塔（Bunji Sakita）和巴黎师范学院的鲁普·热尔韦（Loup Gervais）找到了这个谜题的部分答案。他们证明了内沃－施瓦茨－雷蒙理论拥有隐藏的对称性确实与此惊人的性能相关。这些开创性的发现标志着超对称的产生。［超对称同时被两位苏联物理学家戈尔凡德（Gol'fand）和E. P. 利赫曼（E. P. Likhtman）提出，尽管那时他们的工作在西方不受欢迎。］

热尔韦和萨基塔发现的超对称是前所未有的最大的对称性。一种可以将玻色子物体旋转成费米子物体的对称性被创造出来。这意味着宇宙中所有玻色子粒子都有一个费米子搭档。（然而，它们的对称性还不完全，因为这只是二维对称。该理论是二维的，因为当一维弦移动时，它扫成二维的表面。）

这个新的超弦理论和一种玻色子和费米子相互交换的全新对称性的发现激起了巨大兴奋。然而，在20世纪70年代中期，这个理论颇受质疑。

最严厉的批评

如前所述，南布的玻色子弦只存在于二十六维，内沃－施瓦茨－雷蒙的弦只存在于十维，使这个模型在20世纪70年代中期消亡。施瓦茨和他的合作者迈克尔·格林似乎是唯一推广弦理论研究的人，没多少人希望在十维时空作研究。

施瓦茨确信，困难可以解决。他记得自己和理查德·费曼的一次谈话——费曼说，无论我们提出什么理论，都必须率先成为自己最严厉的批评家；施瓦茨说，毫无疑问，费曼这么说是为了劝阻自己不要在弦理论上浪费他富有成效的岁月，这或许是个死胡同。事实上，对施瓦茨而言，费曼的话起了相反的效果，“费曼并未意识到，我在弦理论的研究中非常挑剔，我未发现任何问题！”

这一理论的发展在2000年由于乔尔·谢克的意外死亡遭受了又一次挫折。加来道雄记得，自己在1970年首次见到谢克，当时的谢克刚离开普林斯顿正访问伯克利。他们一起工作并发表了第一篇关于多环介质奇异结构的论文。谢克是个不依惯例行事但温柔的人，他似乎对那时在旧金山的海特-阿什伯里和伯克利电报大道兴起的反战和反传统文化的生活方式感到自在。离开伯克利后，他以一种典型的不寻常方式回到了法国——“首先，他去了日本，他在一个佛教寺院里呆了几个星期，与僧侣一起苦行冥想。然后，他经由西伯利亚大铁路旅行至法国。正是这个时期，他患上了严重的糖尿病。因为这个，以及一些其他个人问题，他甚至在1980年尝试自杀。”

弦论超　超引力的崛起

尽管弦理论不受欢迎，但一些物理学家却试图挽救作为普通点粒子对称性的超对称。将费米子变成玻色子和玻色子变成费米子的对称性实在太诱惑，不能放过。

1974年布鲁诺·祖米诺（Bruno Zumino）（今在伯克利）和朱利叶斯·韦斯（Julius Wess）（今在西德卡尔斯鲁厄大学）受到热尔韦和萨

基塔工作的启发，展示了如何从弦中提取这种新的对称性，并简化为在四维中定义的简单的点粒子理论（传统的量子场论）。他们采用了最简单的场论之一——自旋为0的玻色子与自旋为$\frac{1}{2}$的费米子相互作用——并证明它可以制造出超对称。更重要的是，他们简单明了地展示了超对称消除了点粒子的量子场论中的许多不必要的差异。与杨－米尔斯理论的SU（N）对称消除了W粒子理论所有的分歧一样，超对称消除了许多（但不是全部）点粒子理论的分歧。

想象下图左边的费曼图，它的分歧在于内环中有一个费米子环。令韦斯和祖米诺惊讶的是，他们发现，这种分歧可以消除右边图中的分歧，这个图的内环中有玻色子环。换种说法——左环路的分歧完美地消除了右环路的分歧，留下了有限的结果。这里，我们看到了对称在消除分歧中的威力。

同样，对称性也能用来解决物理领域以外的问题。比如，一个女裁缝做了一件婚纱服。然而，就在婚礼前，女裁缝发现裙子有点向一侧倾斜。此时，她有两个选择。其一，收回所有布片，费力地将倾斜的布片与原件比对，仔细地剪掉多余的部分。

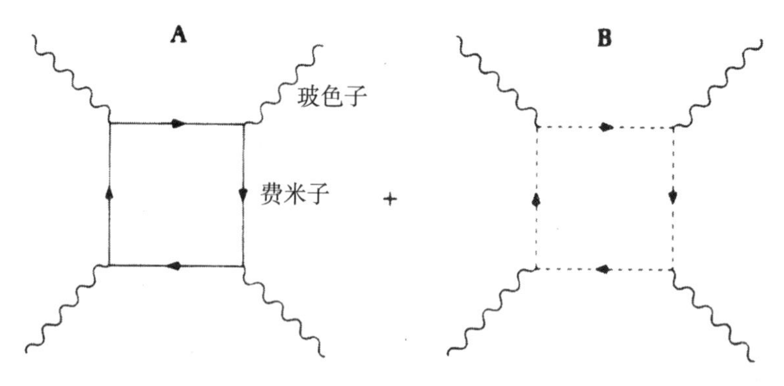

图A中，内部实线代表费米子。图A的分歧消除了图B的分歧，该图含有玻色子（用波浪线代表）。因此，两个图的总和是有限的。

其二，可以利用对称的方法，简单地将婚纱服对折，两边对齐，然后剪去多余的部分。对称可用来消除左右两半的差别。

同样，超对称允许我们将有分歧的费曼图两边对齐，直到它们完全相互抵消掉多余的为止。

因为超对称很容易适应点粒子理论，在1976年，在斯托尼·布鲁克纽约州立大学工作的三名物理学家修补了爱因斯坦的旧引力理论。建立在韦斯和祖米诺成功的基础上，他们成功地给引力子增加了费米子伙伴，创造了一个被他们命名为“超引力”的新理论。

超引力虽然只是超弦的一小部分（当我们将弦的长度取为零时，即一个点时出现），但它本身就非常有趣。在某种意义上，它代表了爱因斯坦引力理论和超弦理论之间的中途站。

因为重力有两个自旋单位，所以它必须有一个半整数自旋$\frac{3}{2}$的伴侣，物理学家称之为“引力微子”（小重力）。

超引力在第一次被提出时引起了很大的轰动，因为这是爱因斯坦方程最简单的非凡的推广。

虽然超引力最初产生了很大的期望，但该理论在联合自然力方面表现出了明显的问题。这个理论太小，无法容纳所有已知粒子。能容纳所有已知粒子的最小李群是SU（5），然而，适合超引力的最大李群是O（8）。它太小，不能包括真正GUT理论中所有的夸克和轻子，最大的超引力也不能同时容纳夸克和轻子。

尽管超引力理论很有吸引力，但它的对称性太小，无法消除差异或包含夸克和轻子。

弦论超　普林斯顿弦乐四重奏

20世纪70年代末，物理学家意识到，超引力是超弦理论的一小部分。例如，我们使用最小封闭的超弦，就会从超弦理论中浮现出超引力理论。然而，当时的物理学家认为超弦理论太数学化，不真实。

格林和施瓦茨在 1984 年发现，该理论确实缺乏新奇之处以引发人们对超弦的兴趣。但很快，被世界上绝大多数物理学家认为已死亡的超弦理论卷土重来，成为了有史以来最强大的量子场论。

当时，人们越来越清楚，需要一个巨大的对称群消除重力中的所有差异，超弦理论拥有最大的一组物理学家未曾见过的对称性。

普林斯顿的四位物理学家——大卫·格罗斯（David Gross）、杰弗里·哈维（Jeffrey Harvey）、埃米尔·马丁尼克（Emil Martinec）和瑞安·罗姆（Ryan Rohm）发现了一个有 E（8）×E（8）对称的新的超弦，它比格林·施瓦茨的超弦性质更好。普林斯顿小组（被称为“普林斯顿弦乐四重奏”）表明，E（8）×E（8）弦与所有早期 GUT 理论兼容，与所有已知实验一致。E（8）比 SU（5）大得多，这个理论不仅容纳了所有已知的 GUT 类型理论，还预测了成千上万个从未被看见的新粒子。普林斯顿超弦目前是宇宙理论主要的候选理论。

超数

超弦理论可能是有史以来提出的最疯狂的理论，它潜在的对称性被称为超对称，也是同样的疯狂。

具有讽刺意味的是，自然界从未发现过超对称。迄今为止，它只存在于纸上，但它是如此美丽和引人注目，大多数物理学家理所当然地认为超对称最终一定会被发现。

但如果超对称是如此美丽的对称性，为什么几年前没有发现呢？这有一个简单且深刻的问题，它能追溯到人类社会的起源以及我们如何用手指计数。

自几千年前人类开始计数以来，我们一直假设数字对应于有形的、真实的事物。曾经，我们知道，数字可以相加，5 只羊加 2 只羊能得出 7 只羊。随着社会变得复杂和多元，必须发明规则以加减那些越来越大的数字。罗马人为了征税以及与其他地区贸易，他们需要复杂的加法和除法。最早的算术规则以这样的方式建立起来，作为一种清点可以交易或出售商品的方法。

古人发现，数字可以以任何顺序相加或相乘。例如，我们知道 $2\times3=3\times2=6$。我们知道，这些关系是正确的，因为我们能用手指对物体数数并证明它们的正确与错误。但为什么数字之间的这种关系的普遍化能容纳统一场论呢?

多年来，这么多人未发现超对称的一个原因是，我们必须创造一组不服从“常识”规则的新数字。假如，我们想发明一种新的被称为格拉斯曼的数字系统，其中 $a\times b=-b\times a$。负号虽然是无辜的，但在应用于理论物理时具有深远的意义。

例如，这意味着，$a\times a=-a\times a$。此时，你或许会反对，因为这意味着 $a\times a=0$。通常，人们会说，这意味着 $a=0$。然而，对于格拉斯曼数而言，事实并非如此。

因此，可以构造一个有意义的“算术”系统，其中 $a\times b=-b\times a$。这个系统可以被证明在数学上是自洽的，是一个令人满意的算法系统。这个奇怪的数字系统需要我们扩展过去 10 000 年的算术。

超对称，就像统一场论历史上所有其他的发展一样，创造了自己的特殊统一，它统一了实数和格拉斯曼数的概念并产生了一个“超数”。

总之，超对称在早期未被发现的部分原因是，物理学家反对使用格拉斯曼数探索自然。事实上，伟大的挪威数学家索菲斯·李认为，他已把所有可能的不同类型的群作了编目，但忽略了以格拉斯曼数为基础的超对称群。

当然，人们可能会抗议这些抽象的建筑似乎缺乏物理内容。然而，格拉斯曼数非常实用——因为格拉斯曼数描述了费米子，人体是由仅能用格拉斯曼数描述的粒子组成的。

弦论超 时间之初的超对称

不幸的是，没有实验证据证明超对称存在。如果超对称作为物理对称性存在于我们的能量尺度，那么，自旋为$\frac{1}{2}$的电子会有一伴侣——自旋为0的介子。然而，这并未得到实验验证。超对称经常被称为“寻找问题的解决方案”，尽管它美丽优雅，但在我们机器的能量范围内，大自然似乎选择了忽略。

不过，超对称的倡导者并不感到困惑。如果在低能量下还未发现超对称，显然需要建造更大的原子粉碎机并深入探究质子的内部。他们说，问题不在于超对称的发现，而在于我们缺乏足够强大的机器以探测更大的能量范围。

为发现超对称以及亚原子世界的其他秘密，美国政府曾计划建造纯科学史上最大的机器——超导超级对撞机（SSC）——但该项目在1993年被国会取消了。然而，鉴于其巨大的规模，超导超级对撞机仍然值得讨论。

弦论超 安泰俄斯

尽管超导超级对撞机是一个令人敬畏的项目，一个可以与金字塔的建造相比的项目，但粒子物理学的起源似乎将变得不再起眼了。

20世纪20年代，物理学家通过检查宇宙射线（从外层空间发出的辐射，其来源尚不清楚）研究基本粒子物理，使用设备的造价仅为原子粉碎机目前成本的百分之一。

历史上，宇宙射线实验是将大气球上的摄影底片发送到天空。这是一个乏味的过程，将气球送入高层大气，回收它们，冲洗胶卷，然后花几个月时间检查乳剂，寻找高能宇宙射线留下的痕迹。这是一个缓慢摸索的实验物理学方法，因为物理学家事先并不知道会发现什么。（例如，调解强力的汤川的π介子最早是由查看宇宙射线留下的痕迹发现的，经过了几个月时间的仔细工作。）

此外，分析随机的宇宙射线轨迹是一件令人讨厌的事。因为宇宙射线的能量不可预测，也不能用不可预测能量的宇宙射线作可控制实验。

随着第一台原子粉碎机，即回旋加速器的发明，这一切在20世纪30年代发生了变化。这台机器是由美国加州伯克利大学的欧内斯特·劳伦斯（Ernest Lawrence）设计。这台机器只有几英寸宽并能产生微弱的能量束，它可以在实验室制造出特制的类似宇宙射线的光束。

这种进化可以和人类的进化相比较——我们花了几十万年的时间在森林中寻找食物，我们的早期祖先并不知道他们可能会找到什么样的水果或猎物。这是一个痛苦的随机过程。当然，伟大的革命发生了——我们学会了农业，开始收割谷物，照料牛羊，从而确保了食物来源于受控条件之下，而非听天由命。

20世纪80年代，能源部一直考虑超导超级对撞机项目，经济造价或许要花费110亿美元以上，人力资源或许需要大约3 000名科学家和工程师。

目标是制造一台机器，让物理学家能探究基本力是否在最初被统一。因此，超导超级对撞机不仅是最昂贵的，也是从未建造过的最大的科学仪器。

超导超级对撞机的每个磁性线圈可产生6.6特斯拉，或者说能产生比地球磁场强130 000倍的磁场。这种强大的磁场可由被称为“超导性”的量子效应产生，在超导中金属的电阻在绝对零度时降为零。磁铁会被液氦冷却保持在绝对零度以上4.35度。

机器本身将被装在一个狭窄的圆形隧道里，大约20英尺（6.09米）宽200英里（321.86千米）长，被放置在地下（为了吸收该机器产生的强烈辐射)。隧道里有一系列磁铁可以在粒子沿着这个环旋转时弯曲它们的路径。

超导超级对撞机的核心由两个不同的管道组成，直径不超过2英尺(0.6米)，贯穿整个隧道长度。在这两个管中，两束质子沿相反方向行进，被沿着光束路径放置的电极加速到巨大的能量。(启动后15分钟，光束被加速并绕着管子运行3 000 000次，达到极限光速的几分之一。)

两束质子以相反的方向循环，直至电磁门打开，它们相撞并产生高温和自大爆炸以后从未见过的恶劣环境。(例如，撞击会产生40万亿电子伏特的能量。)

欧洲国家本身不够大，无法建设这样的项目，他们在日内瓦附近联合成立了欧洲核子研究中心。不过，超导超级对撞机比欧洲核子研究中心最大的机器还大60倍。

科学家们曾希望用超导超级对撞机测试众多的新理论。温伯格和格拉肖的旧电弱理论是最容易测试的。然而，从长远来看，科学家们希望发现有助于我们理解GUT理论的线索，可能还有超弦。因为GUT和超弦理论需要的统一能量比超导超级对撞机发现的能量大万亿倍，我们只能希望窥见这两种理论的一角。

虽然超导超级对撞机能使我们很快接近这个星球上的国家能研究亚核物理领域的极限，但其他的途径也一直是开放的。

例如，美国现在正发射的卫星，可以窥视遥远的星系寻找黑洞和大爆炸的残余。事实上，我们可能不得不利用创世之初的回声作为“实验室”，在那里收集我们的数据。

将实验数据与理论联系起来的过程，是理论成为真理的关键，尤其是声称欲联合所有已知的力的理论。如物理学家莫里斯·戈德哈伯(Maurice Goldhaber)借用的希腊神话，“安泰俄斯是最强的人，只要他和他的母亲(大地)保持联系就不可战胜。一旦他失去与大地的联系，他会变得虚弱并被打败。物理学理论也是这样，他们必须接触大地获得力量。”

回应批评者

正如朱利安·施温格在评论GUT理论时曾说过的，“统一是科学的最终目标，这是真理。不过，现在就能统一似乎太主观了。因为我们还未能掌握足够的能量。”

尽管这是施温格对GUT理论提出的批评，但它同样适用于超弦理论。虽然这个理论提供了唯一的希望，提供了一个全面的框架描述宇宙规律，但一些超弦的批评家指出，也许超导超级对撞机也不能达到足以在10^{20}亿电子伏特的普朗克尺度上全面测试物理的结果。

然而，施瓦茨并不畏惧。“如果它是正确的，它将成为各种尺度的物理学理论。我们需要发展我们的数学工具以摆脱低能状态。”

换句话说，问题不在于我们不能建造大型机器，而是我们对十维宇宙如何变成四维宇宙的数学理解还很原始。我们的下一步是，通过研究所有实验中最大的“实验室”以研究超对称，这个实验室就是在时间开始时的宇宙。

Part Ⅲ

BEYOND THE FOURTH DIMENSION

第三部分

超出四维

9 大爆炸之前

每个社会都有关于时间起源的神话。这些神话中，许多都提到了宇宙的炽热起源——那时，众神在天堂为新创造的地球的命运而战。古代挪威涉及宇宙起源和死亡的神话充满了巨人、神和巨魔之间的巨大战斗，导致了史诗《仙境传说》的诞生，描述众神本身的死亡。

今天，科学家们第一次能做出关于创世的合理陈述——基于物理而不是神话。宇宙学（研究宇宙的起源和结构）最令人兴奋的是量子力学和相对论的相互作用，开启了令人惊讶的爱因斯坦做梦也没想到的新局面。

也许，超弦理论最惊人的结论是，它可以在实际上解释宇宙大爆炸之前，在时间开始时发生了什么。事实上，超弦理论认为，大爆炸是更多的猛烈爆炸的副产品，将一个十维宇宙分解成了四维宇宙。

超弦论 宇宙大爆炸

大爆炸理论的起源可追溯到爱因斯坦在 1917 年犯下的一个错误，他后来将其称为自己一生的“最大的错误”。

1917 年，爱因斯坦写下著名的广义相对论之后，发现了一个令人不安的结果。每次，当他解自己的方程时，他发现宇宙总是膨胀的。在当时，众所周知的理论为宇宙是永恒和静止的。在银河系之外可能存在星系的想法，在当时也被认为是近乎科幻的异端邪说。令爱因斯坦懊恼的是，他发现自己的方程式公然违背常识，他的方程式错了吗？

他对宇宙膨胀的观点感到惊叹，以至他被迫得出结论——他的方程是不完全的。之后，爱因斯坦在自己的方程式中加入了一个“虚构”的因素以平衡宇宙膨胀。爱因斯坦也“作弊”了，推翻了300年牛顿物理学的伟大革命者对自己的方程式也出现了不信任。

1922年，苏联物理学家亚历山大·弗里德曼（Alexander Friedman）发现了也许是爱因斯坦方程的最简单解，它给了我们对膨胀宇宙的最优雅的描述。然而，像爱因斯坦的解一样，没人认真对待他的想法，因为它们与当时的传统智慧背道而驰。

1929年，美国天文学家爱德文·哈勃（Edwin Hubble）多年来使用100英寸威尔逊山望远镜工作，宣布了他戏剧性的发现：不仅有数百万银河系之外的太空星系存在，它们还以惊人的速度匆忙地离开地球。爱因斯坦和弗里德曼是正确的！

1931年，爱因斯坦放弃了这个“虚构”因素并重新提出了自己14年前放弃了的关于膨胀宇宙的旧理论。

哈勃发现星系离地球越远，其离开地球的速度越快。科学家们依靠多普勒效应测量这些星系的巨大的速度。（根据多普勒效应，发出光波或声波的物体距离你越近频率越高。比如，从你身边呼啸而过的快速列车的声音音量，会随着与你距离的拉大而急剧下降。）

哈勃证实，这种多普勒效应也发生在来自遥远恒星的光上，产生星光的“红移”。（如果星星向地球靠拢会产生“蓝移”，实验上看不到。）

膨胀的宇宙经常被比作膨胀的气球。想象一下，塑料斑点粘在气球的表面上——气球膨胀时，斑点（星系）会彼此远离。我们生活在气球的表面，故而看上去所有的星星都在远离我们。

膨胀的宇宙还解释了一个困惑天文学家多年的悖论：为什么夜空是黑暗的？1826年，海因里希·奥尔勃斯（Heinrich Olbers）写了一篇论文，他认为如果星星的数量为无限，它们发出的光应该充满整个夜晚的天空。如此，不管我们在夜空中看向哪儿，强烈的光一定会让我们失明。但在膨胀的宇宙中，能量由于红移而损耗，星星的寿命也有限，所以我们不会被夜空蒙蔽了双眼。

虽然这个“膨胀的宇宙”模型已经过实验验证，但爱因斯坦的理论未提及大爆炸是怎样发生的，在它之前发生了什么。欲回答这些问题，我们必须诉诸GUT理论和超弦理论。

超弦论 GUT早期宇宙

对弦论者而言，研究宇宙学的目的之一是使用量子对称性缺失作为早期宇宙的探测器。我们今天的宇宙非常不对称，存在四种力且几乎不一样。不过，我们现在知道了原因——我们的宇宙太古老。

在时间之初，当时的温度非常高，那时的我们的宇宙一定是完全对称的。所有的力量被团结在一个一致的力中。然而，随着宇宙迅速爆炸和快速冷却，四个力逐渐被分开，直至它们完全失去相似处，如今天人们所见。

这意味着我们可将大爆炸事件作为一个“实验室”以测试我们关于对称应如何被打破的想法。例如，当我们回到过去，最终我们会达到GUT对称未被打破的温度。这反过来解释了宇宙中最令人困惑的秘密之一：宇宙诞生时发生什么？

例如，我们知道在时间之初，重力、电弱力和强力可能都是一个单一力的各个部分。

当宇宙的年龄可能只有10^{-43}秒，直径只有10^{-33}厘米时，物质和能量可能是由完整的超弦构成。量子引力，正如超弦描述的，是宇宙中的主导力量。不幸的是，没人见证过此事件，因为那时的宇宙可以很容易地融入质子中。

在难以置信的10^{32}开尔文的温度下（比太阳温度高10^{27}倍），重力与其他 GUT 力分离。像水滴从一团蒸汽中凝结出来，力开始分离。

那时，宇宙每隔10^{-35}秒就变大一倍。随着温度的降低，GUT 力本身开始断裂，强力从电弱力中剥离出来。宇宙大约有保龄球那么大，但仍在迅速膨胀。

在创世后10^{-9}秒，宇宙温度达到10^{15}开尔文，电－弱力分解成电磁力和弱力。

在这种温度下，所有四种力彼此分离，宇宙由自由的夸克、轻子和光子构成。

此后，宇宙进一步冷却，夸克结合形成质子和中子。杨－米尔斯场凝结成我们前面提到的黏性“胶水”将夸克结合变成强子。最后，宇宙“汤”中的夸克凝聚成质子和中子，最终形成原子核。

创世 3 分钟后，稳定的原子核开始形成。

大爆炸后 30 万年，第一批原子诞生了。气温下降到 3 000 开氏度，氢原子可以在不被碰撞撕裂的情况下形成。那时，宇宙变得透明——光可以旅行几光年而不被吸收。（在此之前，它不能从太空中被看到——光被吸收了，望远镜进行远距离观察也不能看到。今天，我们认为空间是黑暗和透明的，而那时的空间是不透明的，像浓雾一样。）

今天，宇宙大爆炸后的 100 亿—200 亿年，宇宙看起来非常不对称和破碎，四种力彼此相差极大。原始的火球的温度现已冷却到了 3 开氏度，接近绝对零度。

因此，通过宇宙的逐渐冷却，各种力很可能一步一步的以彼此分离的方式描述联合的总体方案。重力首先分离，然后是强力，接着是弱力，只留下了电磁力没有破裂。

格拉肖总结了 GUT 理论家如何看待宇宙的生死，他说：“物质第一次出现大约在宇宙大爆炸后的10^{-38}秒，它们将会从现在开始在10^{40}秒后消失。”

弦论超　大爆炸的回声

似乎非常奇怪，人类竟能如此轻松地大谈能撕裂我们地球（甚至银河系）那样的灾难性的温度和事件。事实上，物理学家史蒂文·温伯格书写宇宙的诞生时，曾坦率地承认，“我不能否认，提笔前3分钟，自己一直感觉非真——我们真的知道自己在说什么吗?”

最终，这些关于早期宇宙的陈述仍然只是理论。然而，事实是，不管创世的细节是如何的异想天开，实验证据越来越多地证明，根据量子理论和相对论的预测，此类事件为真实发生。

特别是，俄罗斯物理学家乔治·伽莫夫（George Gamow）在20世纪40年代预测，也许有一种方法可通过实验验证大爆炸真的发生了。伽莫夫认为，大爆炸遗留下来的最初的辐射体应该还在宇宙中流传，尽管100亿—200亿年后它的温度已非常低。他预言，这个宇宙大爆炸的“回声”会均匀地分布在宇宙中，故而不管我们从哪个方向上看都是一样的。1948年，他的合作者拉尔夫·阿尔菲（Ralph Alpher）和罗伯特·赫尔曼（Robert Herman）甚至计算出了宇宙火球的温度现在已冷却降到5开氏度。

1965年，伽莫夫－阿尔菲－赫尔曼对最初大爆炸的这种“回声”或背景辐射的预测得到了惊人的验证。新泽西州霍尔姆德尔的贝尔电话实验室的科学家们建造了一个巨大的无线电天线——霍尔德·霍恩天线，它能传递地球和通信卫星之间的信息。令他们沮丧的是，科学家阿诺·彭齐亚斯（Arno Penzias）和罗伯特·威尔逊（Robert Wilson）发现，天线收集了令人讨厌的在微波范围的背景辐射。不管天线指向哪儿，都能收到这个奇怪的辐射。令人恼火的是，科学家们检查了他们所有的数据并清洁了他们的设备（甚至清洁了天线上的鸽子），但这种辐射持续存在。

最后，仪器被放在高空喷气式飞机上和气球上以摆脱地球的干扰，但这个奇怪的信号变得更加强烈。当科学家绘制出辐射强度和频率之间的关系时，它与伽莫夫和其他人多年前预测的曲线非常类似。他们测得的温度为 3 开氏度，接近宇宙火球最初温度的预测。令彭齐亚斯和威尔逊高兴的是，他们发现这种辐射正是过去预言的背景“回声”。这种 3 开氏度辐射至今仍是最确凿的证据，它证明宇宙起源于灾难性的爆炸。这个出色的侦探工作使彭齐亚斯和威尔逊赢得了 1978 年的诺贝尔物理学奖，它令人震惊地证实了大爆炸。

另一种研究广义相对论奇特性质和早期宇宙的方法是检查由大质量死星（黑洞）引起的时空扭曲。

超弦论 黑洞

什么是星星？很简单，它是个巨大的原子炉，释放储存在强力中的能量。恒星燃烧氢气作为燃料，产生氦的“灰烬”。汉斯·贝特（Hans Bethe）在 1939 年得出了太阳和其他恒星中氢以及其他元素燃烧的基本方程，为此他获得了 1967 年的诺贝尔奖。

恒星作为一个稳定的物体存在是因为它内部的核火和重力的微妙平衡——内部的核火让恒星爆炸，重力将恒星挤压到某一点。换句话说，恒星的存在是因为强力产生的能量与重力保持平衡。强力产生的能量倾向于爆炸，重力倾向于内聚。

然而，当恒星的燃料（主要是氢、氦和较轻的元素）经过数十亿年消耗殆尽时，这种微妙的平衡就破坏了。一旦核燃料耗尽，重力接管了一切——如果重力足够大，恒星会收缩，将原子压成一个致密的中子球，产生一颗死星，称“中子星”。

中子星密度非常大，以至于恒星的单个中子实际上是互相“接触”

的。中子星是核子物质的没有空隙的实体，没有任何原子或轨道电子和原子核之间的空间。试想以下场景，产生中子星所必需的巨大的收缩，比地球大得多的太阳被挤压成小到曼哈顿的大小。

天文学家已发现了许多中子星。回到1054年，中国天文学家在天空观察到一次巨大的神秘爆炸，甚至在白天也能看见。今天，我们知道了这是一颗罕见的“超新星”，一颗恒星的灾难性爆炸，产生的能量比整个星系产生的能量还多。这颗超新星发生在蟹状星云，爆炸的中心现在是中子星。

如果原始恒星足够大（也许比太阳的质量大几倍），中子星本身会不稳定——重力太大以至于中子会相互挤压，最终挤压至一个无穷小的点。这个点粒子就是黑洞。

黑洞引力场的像钳子一样的抓力十分巨大，以至原子核被撕裂，光子无法逃脱并被迫绕此星运行。这意味着，这些死星发出的光不能被我们直接看到，所以洞看起来是黑的，因此得名。

就像爱丽丝梦游仙境的柴郡猫一样，黑洞从视野中消失了，只留下了它的“微笑”，空间－时间的扭曲是强烈引力的结果。

此外，黑洞造成的空间－时间严重扭曲与我们早期的宇宙非常类似。例如，你在黑洞中心附近，时间会变慢。这意味着，如果你掉进黑洞，看起来你可能在减速，直至你被时间冻结，经历几千年时间才以慢动作的模样陷入中心。你距离黑洞中心越近，时间将变得越慢。事实上，在黑洞的中心，据说时间会停止。（这可能意味着广义相对论在黑洞的中心失效。当我们计算广义相对论的量子修正时，必须用超弦理论代替。）

黑洞最初是罗伯特·奥本海默（J. Robert Oppenheimer）和他的学生哈特兰·斯奈德（Hartland Snyder）在1939年根据相对论的结果在理论上提出的假设。虽然奥本海默也对想象延伸至极限的广义相对论的惊人结论感到吃惊，但1994年夏天的哈勃太空望远镜发现了银河系附近的M87星系（距地球5 000万光年）包含有一个黑洞。1995年1月，使用射电望远镜阵列在 NGC4258 星系中发现了第二个黑洞（距地球 2 100 万光年）。

黑洞的另一个可能的候选者是恒星天鹅座 X－1，距离地球大约 6 000 光年之外，那是一个巨大的 X 光辐射。事实上，很难想象除了重力收缩之外，还有其他的物理力可以解释像天鹅座 X－1 这样的巨大的能量输出。我们自己星系的中心也许有无数未被发现的黑洞，神秘的强烈辐射和重力场区域。（望向星空，数百万颗恒星像一个微弱的光带横跨夜空，我们称其为银河系。我们看不到耀眼的中心，因为它被尘云遮住了。然而，从邻近中心拍摄的照片可以看出，星系很明亮。）

未来，科学家将利用这些死星的数据测试广义相对论的重要方面。一位物理学家对我们理解黑洞的量子力学做出了巨大贡献，他是斯蒂芬·霍金（Stephen Hawking）。他与巨大的身体障碍作斗争，成为了相对论领域的一位巨人。霍金失去了对手、腿和嘴的控制，但他拥有了大脑的计算。

弦论超 斯蒂芬·霍金——量子宇宙学家

有些人宣称，斯蒂芬·霍金是爱因斯坦的后继者。从某种意义上看，他走得更远或许是因为他试图使用量子力学计算对黑洞动力学的修正。霍金，通过观察量子关联的影响预言了爱因斯坦从未预言过的现象。他引入了黑洞可以“蒸发”并变成微型黑洞的概念。换句话说，他认为，一些光能逃离黑洞巨大的引力——根据海森堡测不准原理，存在有限的以及小概率光束可通过引力以“泄漏”的方式逃脱黑洞巨大的抓持力。黑洞能量的损失最终创造了一个小黑洞，可能小至一个质子。

霍金年轻时就对科学产生了浓厚兴趣。他的父亲是伦敦国家研究所的医学研究员，早年就向他介绍了生物学。霍金回忆：

> 我总想知道每件事背后的工作原理。大约15岁时，我经历了对ESP非常感兴趣的阶段。我们一群人甚至进行了掷骰子实验。之后，我们听到了一个人的演讲，他完成了莱茵杜克大学所有著名的ESP实验。他（演讲者）发现，每当他们得到实验结果时实验技术总有缺陷，而实验技术很好时他们却得不出结果。所以，它使我（演讲者）明白，这完全是一场骗局。

尽管霍金才华横溢，但他在牛津大学只是一名普通的学生，缺乏伟大科学家那样的动力和决心。接着，悲剧发生了，这改变了他的生活方向。作为剑桥大学的一年级研究生，他发现自己趺趺撞撞，慢慢失去了对四肢的控制。他被诊断患有葛雷克氏症病（肌萎缩性侧索硬化症），此病无法治愈，会无情地消耗掉他胳膊和腿的肌肉。

后来，霍金有了一种特殊的机械翻页器，使他能阅读数学方程式。他的几个助手曾受过专门训练去理解他缓慢且痛苦的喃喃自语，因为他在很大程度上失去了对口腔肌肉的控制，说出一个字也需要花费相当长的时间。尽管如此，他仍在数百位杰出的科学家面前作了博学的科学演讲。一个残废人，坐在电动轮椅上环绕布里奇大学校园忙碌地巡游。

霍金的桌子上堆满了世界各地的同事发来的数学文章以及粉丝的来信，从好心人到试图出售最新的毛骨悚然的想法的疯子。他曾对记者说，“出名真让人讨厌。”

霍金从哲学上说，“我想，现在的我比开始工作之前更快乐了，在疾病发作之前我非常厌倦生活。”

广义相对论是一门学科，科学家们例行公事地要写几百页的代数方程。然而，霍金在物理学家中独一无二，因为他被迫在自己脑子里进行着这些计算。虽然他在进行这些计算时得到过学生的一些帮助，但霍金像爱因斯坦、费曼以及其他伟大的科学家一样，用图像表达基本的物理概念，然后再用数学。

平坦度之谜

在爱因斯坦方程的旧框架中，有两个主要的问题一直没有令人满意的解。幸运的是，量子力学的应用为这两个问题提供了一个可接受的解。

我们瞭望天空，宇宙最令人困惑的特征之一是，看起来太平坦。这很不寻常，因为根据爱因斯坦的方程，我们预计宇宙会有一些可测量的曲率，或正或负。

其二，不管我们从任何角度看宇宙，它都有同样均匀的星系密度。事实上，如果我们看一个星系，一个10亿光年星系在一个方向，另一个10亿光年星系在另一个方向，它们看起来几乎一样。这非常奇怪——没有任何速度可超越光速，两个如此远的星系的密度为何保持为相同的密度，即便光速也不能在如此短的时间跨越如此大的距离。

这两个谜题的答案是由麻省理工学院的阿兰·古斯（Alan Guth）提供，由宾夕法尼亚大学的保罗·斯泰恩哈特（Paul Steinhardt）和莫斯科的俄罗斯物理学家A. 林德（A. Linde）改进的。根据他们的计算，当宇宙年龄在10^{-35}—10^{-33}秒之间时，它经历了指数级扩张，其半径增加了惊人的10^{50}倍。这一“膨胀”发生在大爆炸之前，甚至比标准的大爆炸阶段还快。

我们的宇宙经历了如此巨大的膨胀解释了这两个谜题。首先，我们的宇宙似乎是平坦的，因为宇宙在极短的时间就能增大10^{50}倍。想象气球被吹大的类比——如果气球比以前大了几万亿倍，它的表面一定会非常平坦。

膨胀的情景也解释了宇宙的均匀性。因为，在接近膨胀期开始时，整个宇宙的可见部分只是宇宙表面的一个小斑点，这个小斑点可能是混合均匀的。膨胀只是将这个均匀的斑点吹成了我们现在可见的宇宙。那个微小的斑点现在包括了我们的地球和银河系，以及我们望远镜能看到的最远的星系。

弦论超 我们的宇宙不稳定吗？

除了宇宙膨胀之外，还有另一个从 GUT 和超弦理论得出的令人不安的地方——担心人类宇宙的灾难性毁灭。

古人经常猜测地球的终结，或终结于火，或终结于冰。现代，最合理的答案是，天文学认为，地球会终结于火——太阳用完氢燃料后将燃烧未使用的氦燃料，之后会出现巨大的扩展，扩展至今天火星轨道的距离，成为一个红巨星。这意味着，地球将被太阳的大气层蒸发，我们将被烘烤，我们体内的所有原子都会在太阳的大气层中被分解。（这场灾难发生在未来几十亿年。）

GUT 和超弦理论允许一个比地球蒸发更大的灾难。物理学家预测，物质总是试图寻找能量最低的状态（也称“真空状态”）。例如，水总是试图顺流而下。如果我们筑坝拦河，大坝后面堆积的水将处于“假真空状态”，非真实的最低能量状态。这意味着，大坝后面堆积的水更倾向于冲破大坝，流到大坝下面的“真真空状态”，但它不能流到大坝下面。

通常，大坝足以将水保持在“假真空状态”。然而，根据量子力学，总是一定概率的水“量子跃迁”并穿过大坝；根据不确定性原理，由于你不知道水的确切位置，确有一定的可能性在你最意想不到的地方找到它（大坝的另一侧）。物理学家猜测，水确有“隧穿”通过屏障的可能。

这给我们留下了一个令人不安的想法。也许，我们整个宇宙暂时处于“假真空状态”。如果我们的宇宙不是能量最低的宇宙？如果存在另一个能量更低的宇宙，突然发生量子转变？

这将是灾难性的毁灭！在新的真空中，物理和化学定律可能会被重新定义得面目全非。我们今天所知的物质甚至可能不复存在，全新的物理和化学定律会出现。人们常说物理定律是不变的，然而，如果宇宙突然量子跃迁至一个更低能量状态（或“真真空状态”），我们所知物理定律也将完全改变。

弦论超 这场灾难将如何发生？

量子跃迁的一个简单可视化例子是水的沸腾。请注意，沸腾不是立即发生的，而是在某些地方产生迅速膨胀的气泡，气泡最终合并产生蒸汽。类似地，如果量子跃迁进入另一个低能真空，我们的宇宙可能会形成“气泡”。之后，这些气泡以接近光速或以光速膨胀（这意味着，我们永远不知道是什么打击了我们）。在泡沫里，可能会出现奇怪的物理和化学定律。天文学家可能永远看不到这些气泡，因为膨胀的速度实在太快。当这个气泡突然撞击地球时，我们可能正在洗衣服。突然，我们身体里的夸克完全分裂，将我们溶解到亚原子粒子的混沌等离子体中。

然而，我们不必过于担心这样的灾难，因为我们的宇宙在过去的100亿—200亿年里相对稳定。也许，它已达到了最低能量状态，虽然我们不能完全排除存在另一个更低能量状态的宇宙的可能性。

弦论超 大爆炸之前

确实，根据超弦理论，我们的宇宙可能是不稳定的，可能给我们带来灾难。先忽略这个小概率灾难，超弦理论给我们带了一个优点——它回答了大爆炸之前发生了什么。

正如我们之前提到的，根据超弦理论，宇宙始于十维。也许，十维宇宙处于“假真空状态”，它是不稳定的。那么，十维宇宙量子跃迁至一个低能状态只是时间问题。

我们现在相信，宇宙最初的膨胀起源于一个更大、更具爆炸性的过程：十维时空的结构的破裂。就像大坝决口那样，十维时空结构的破裂迅速重新形成了两个独立的低能宇宙——四维宇宙（我们自己的）和一个六维宇宙。

这次爆炸的猛烈可容易地产生足够的能量推动膨胀的进程。标准的大爆炸将在稍后出现，这时膨胀过程会慢下来，向传统的膨胀宇宙过渡。

四维宇宙以牺牲六维宇宙为代价而膨胀，六维宇宙缩小至普朗克长度。这解释了我们的宇宙为何看上去是四维的——其他六个维度尽管无处不在，但它实在太小而不可视。

尽管我们还不能在实验上证实这种描述，迅速发展的宇宙学领域仍然不断给出了关于物质本质的诱人线索。一些物理学家认为，我们关于宇宙的许多问题的答案可能隐藏于被称为“暗物质”的物质中，它也许是宇宙中最神秘的物质形式。

10　暗物质的神秘

随着超导超级对撞机项目的取消，一些评论家公开推测，物理学“行将结束”。像超弦理论这样有前途的想法，无论多么引人注目和优雅，永不会被测试，也永不会被验证。一些物理学家持乐观态度——如果超弦理论的证据在地球上找不到，离开地球进入外层空间或许是一个解决办法。未来，物理学家将越来越依赖宇宙学来探索物质和能量内部的秘密。他们的实验室将是宇宙和大爆炸本身。

宇宙学已给了我们几个谜团，或许是破解物质终极性质的线索——其一，暗物质，占宇宙的90%；其二，宇宙弦，我们将在11章讨论。

世界是由什么构成的？

20世纪科学最伟大的成就之一是，确定了宇宙的化学元素。科学家只用很少的100多种元素就能解释万亿种可能的物质形式，从脱氧核糖核酸到动物，再到爆炸的星星。构成地球的元素——如碳、氧和铁——也是构成遥远星系的元素。科学家指出，根据距离我们星系数10亿光年的炽热恒星发出的光线分析，它具有我们熟悉的元素且不多不少。

事实上，我们探索了宇宙中的很多地方，一直未发现新的神秘元素。宇宙是由原子和它们的亚原子构成的，这是物理学的结论。

20世纪末，大量新数据证实，超过90%的宇宙是由无形的未知物质或暗物质构成。事实上，我们看到的天上的星星只占宇宙真实质量的一个小比例。

暗物质是一种奇怪的物质，不同于以往碰到的任何物质。它有重量，但不可见。理论上，如果有人手里拿着一团暗物质，别人完全看不到它。暗物质的存在不只是学术问题，因为宇宙的终极命运（无论是炽热的大挤压或是呜咽中的大冷寂）取决于暗物质的精确性质。

超弦预测的“高质量亚原子振动”是暗物质的主要“候选者”。因此，暗物质或许能给我们一个探索超弦本质的实验线索。即使没有超导超级碰撞机，科学也能探索新的超越标准模型的物理学。

超弦论　一个星系有多重?

第一个怀疑关于我们对宇宙的概念有问题的科学家是弗里茨·兹维基，加利福尼亚理工学院的瑞士籍美国天文学家。20世纪30年代，他研究大约3亿光年之外的彗发星系团且感到困惑——它们彼此旋转太快，应该非常不稳定。为了证实自己的怀疑，他不得不计算一个星系的质量。因为一个星系或许包含有数千亿颗恒星，所以计算它们的质量非常棘手。

存在两种简单的方法。事实上，这两种方法产生了惊人的不同结果，造成了宇宙学目前的危机。

第一种方法，我们可以数星星。这似乎是不可能的任务，但确实很简单。我们知道星系的粗略的平均密度，然后乘以银河系的总体积。（这与我们计算头发数量的方法类似，如确定金发女人的头发的数量少于黑发女人。）

此外，我们可以计算恒星的平均质量。当然，没人真正将星星放在秤上。天文学家寻找双星系统，两颗恒星彼此围绕旋转。一旦我们知道了一个完整的旋转需要的时间，牛顿定律足以确定每颗恒星的质量。确定了星系中恒星的数量，按每颗恒星的平均重量作乘法，我们能得到银河系的大概质量。

第二种方法，将牛顿定律直接应用于银河系。例如，银河系旋臂上的遥远恒星，不同距离的星星以不同的速度环绕银河中心旋转。此外，星系和群星彼此围绕着旋转。一旦我们知道了这些不同转动所需要时间，我们可以使用牛顿运动定律确定星系总质量。

兹维基计算了将这些群星束缚在一起所需的质量，通过分析它们彼此围绕旋转的速度，他发现得出的质量是这些发光恒星实际质量的20倍。在一份瑞士的杂志上，兹维基说，这两个结果之间存在根本差异。他假设，一定存在某种神秘的“黑色物质”或“暗物质”，它的引力将银河系聚集起来。没有暗物质的存在，彗发星系应该飞走。

兹维基之所以假设暗物质的存在，是因为他坚信，在银河系这样的距离上牛顿定律依然适用。（这不是科学家第一次基于对牛顿定律的信仰预测出看不见的物体。事实上，海王星和冥王星被发现也有类似情况——行星轨道摇摆不定偏离了牛顿的预测，科学家们坚持牛顿定律，直接预言了新的外行星的存在。）

然而，兹维基的结果却遭到了天文学界的冷遇，甚至是敌意。毕竟，爱德文·哈勃发现银河系以外存在星系仅过了9年，大多数天文学家认为他的结果不成熟。

兹维基的结果很大程度上被忽视了。多年来，天文学家偶尔会重新发现它们，但都作为异常拒绝考虑。例如，20世纪70年代，天文学家使用射电望远镜分析了星系周围的氢气，发现它的旋转速度比我们认为的要快，但仍然未重视这个结果。

1973年，普林斯顿大学的耶利米·奥斯特里克（Jeremiah Ostriker）和詹姆斯·皮布尔斯（James Peebles）通过星系稳定性关系的严格理论计算复活了兹维基的假设。在那之前，多数天文学家认为，星系与我们的太阳系相似，内行星的速度比外行星快很多。例如，水星是以希腊的速度之神命名，因为它以每小时 107 000 英里的速度穿越天空。距离太阳更远的冥王星在太阳系中移动缓慢，其速度为每小时 10 500 英里。如果冥王星绕太阳运行的速度和水星一样，它会很快飞入外层空间，永不返回——太阳的引力不足以吸住冥王星。

奥斯特里克和皮布尔斯得出，一个星系的标准图像是不稳定的。按理说，银河系应该会分裂，恒星的引力不足以将银河系整体维系在一起。然后，他们进行了展示，如果一个星系被一个巨大的看不见的将星系聚集在一起的光环包围，其中 90% 的质量以暗物质的形式出现在光环中，这个星系应该能稳定。不过，他们的论文也受到了冷漠。

经历了几十年的怀疑和嘲笑后，华盛顿哥伦比亚特区卡耐基学院的天文学家薇拉·鲁宾（Vera Rubin）和她的同事的仔细而持久的研究结果最终改变了人们对暗物质的看法。他们分析了几百个星系，最终证实了星系中的外恒星与内部恒星的速度没有太大的不同，与太阳系中的行星相反——太阳系中的行星速度存在较大差异。同时，这意味着，外部恒星应飞进太空，互相远离，导致星系被分裂成数 10 亿颗独立的恒星。欲维持星系的稳定状态，除非存在一种无形的暗物质，它们的引力实现聚集。

就像暗物质本身的历史，几十年时间，薇拉·鲁宾一生的成果才得到了怀疑者（大多数为男性）天文团体的认可。

弦论超 一个女人的挑战

女性科学家很难被男性同龄人接受。事实上，鲁宾博士职业生涯的每一步历程都危险地接近于被男性的敌意破坏。20 世纪 30 年代，她开始对星星感兴趣，10 岁的孩子凝视华盛顿哥伦比亚特区的夜空可持续几个小时，甚至绘制流星轨迹的详细地图。

她的父亲是电气工程师，鼓励她追求对星星的兴趣。父亲在女儿 14

岁时为她制作了第一个望远镜，带她去参加华盛顿业余天文学会议。然而，在家庭内部感到的温暖和鼓励与外部世界受到的冷淡接待形成了鲜明对比。

当她向斯沃斯莫尔学院申请时，招生官员试图将她从天文学引向更"淑女"的画天文题材的专业，这成了她家里的一个标准笑话。她回忆，"只要我工作中出了问题，一定会有人说，'你可否考虑过画画的职业？'……"

当被瓦萨大学录取时，她在走廊上自豪地将此消息告诉了自己的高中物理老师。老师直言不讳地回答，"远离科学，你会做得很好。"（多年后，她回忆，"听到这样的话，需要有多大的自尊才不会泄气。"）

瓦萨大学毕业后，她于 2006 年申请了在天文学上享有世界声誉的普林斯顿研究生院。然而，她甚至连学校的大学课程目录也未收到。普林斯顿在 1971 年之前不接受天文学的女研究生。

此后，她被哈佛录取了，但她拒绝了。因为她刚和物理化学家罗伯特·鲁宾结婚，追随他一起去了康奈尔大学，那里的天文系只有两名教员。（她拒绝后，得到了一封哈佛的正式回信，信的底部是手写的潦草的字，"该死的女人！每次，我准备好了，她走了，结婚了！"）

事后再看，前往康奈尔大学非常正确，因为鲁宾参加了 1997 年两位诺贝尔奖获得者汉斯·贝特（Hans Bethe）和理查德·费曼（Richard Feynman）的物理学研究生课程。汉斯·贝特破译了复杂的激发恒星能量的聚变反应；理查德·费曼重整化了量子电动力学。她的硕士论文直面了男性主宰的世界的敌意。她的论文表明，遥远的星系偏离了宇宙大爆炸模型中的星系的简单的均匀膨胀模式。对当时的人来说，这难以令人信服，论文出版遭到拒绝。（几十年后，她的论文被认为是预言。）

从康奈尔大学获得硕士学位后，鲁宾发现自己是个不快乐的家庭主妇。"每次收到《地球物理杂志》我都会哭……在我受过的教育中，没有家务这一项。在康奈尔大学，我的丈夫做科研，我却只能在家里换尿布。"

尽管如此，鲁宾还是努力追寻自己童年的梦想，尤其是丈夫在华盛顿找到工作之后。她通过夜校在乔治敦大学获得博士学位。1954 年，她发表了博士论文，那是一项里程碑式的研究。它表明，天空中星系的分布绝非以前人们的认为——它是不平滑和不均匀的，实际上是块状的。

不幸的是，她超前了她的时代。她获得了古怪的名声，反对主流的天文学思想。她的想法需要多年时间才能得到认可。

鲁宾为自己工作引起的争议感到苦恼，决定休息一下，研究天文学中一个最平凡的领域——星系的旋转。鲁宾开始研究距离我们最近的太空邻居——仙女座星系。她和她的同事期望发现仙女座星系外缘旋转的气体比中心附近的气体速度更慢，像太阳系那样，远离核心时气体的速度应该减慢。

令他们惊讶的是，他们发现，气体的速度为常数——无论是中心附近还是边缘附近。起初，他们认为这种奇特的结果是仙女座星系独有的。然后，他们系统地分析了几百个星系（自 1978 年以来，研究了 200 个星系）并发现了同样奇怪的结果。兹维基是对的。

他们的观察结果的重要性是无法估量的，一个又一个星系显示出了相同的平坦曲线。自兹维基时代以来，天文学在技术上变得更精密，一些其他实验室也能更快地验证鲁宾的结果。旋转星系旋转速度的恒定性，现在成为了银河物理学的普遍事实，暗物质藏在这里。

由于她的开拓性努力，薇拉・鲁宾在 1981 年被选入久负盛名的国家科学院。（自 1863 年成立以来，3 508 名科学家中只有 75 名女性被选入。）

今天，鲁宾仍为女性科学家的地位痛心。她的女儿拥有宇宙射线物理学博士学位，女儿去日本参加一个国际会议时发现自己是参会的唯一女性。“很久以来，每当我讲自己的故事时，都禁不住流泪，”鲁宾回忆道，“在她和我这代人之间，几乎没有改变。”

毫不奇怪，鲁宾对激发年轻女孩追求科学研究非常关注。她甚至撰写了一本儿童书籍，题为《我的祖母是天文学家》。

弦论超 弯曲星光

自鲁宾的原始论文以来，对宇宙进行的更精细的分析显示了暗物质光轮的存在，甚至可能是银河系本身大小的6倍。1986年，普林斯顿大学的博丹·帕钦斯基（Bodhan Paczynski）意识到，“来自遥远恒星的光经过暗物质团附近，暗物质也许会弯曲星光，起到放大镜的作用，使星星看起来更加明亮。”鉴于此，通过观测，突然变亮的暗淡恒星或能检测暗物质的存在。1994年，两个小组独立报告，拍摄到了这种星星的变亮现象。此后，其他天文学家团队加入进来，希望能找到更多恒星变亮的例子。

星光被遥远星系弯曲可以用作计算星系重量的另一种方法。贝尔实验室的托尼·泰森（Anthony Tyson）和他的同事们分析了从可见宇宙边缘发出的暗淡的蓝色星系发出的光线。这个星系团像引力透镜那样弯曲从其他星系发出的光。遥远星系的照片证实弯曲比人们预期的更大，这意味着它们的重量远超人们的预期。这些星系的质量有90%是暗物质，如同人们的预测。

弦论超 冷热暗物质

虽然暗物质的存在不再有争议，但它的成分仍是一个充满争议的话题。目前，已出现了几个学派，但都不能令人满意。首先是“热暗物质”学派，他们认为这种暗物质是由人们熟悉的轻质子物质组成，比如中微子（众所周知，很难检测）。充满宇宙的中微子的总流量并不广为人知，宇宙极有可能沐浴在构成宇宙的中微子的洪流中。

例如，如能发现电子中微子（三种中微子之中的一种）有一个小的质量，那么，它或有可能弥补缺失质量的问题。（1995 年 2 月，新墨西哥州的洛杉矶阿拉莫斯国家实验室的物理学家宣布，发现了电子中微子质量很小的证据——电子质量的百万分之一。然而，这个结果在最终被接受之前，还必须得到其他实验室物理学家的验证。）

其次是“冷暗物质”学派，它怀疑暗物质由更重、移动更慢、更奇异的亚粒子组成。过去 10 年，物理学家一直在寻找可能构成冷暗物质的奇异候选者。这些粒子被赋予了离奇的名字，比如“轴子”以家用洗涤剂命名。它们被统称为“WIMP”，代表“弱相互作用大质量粒子”。（怀疑论者反击，他们指出，暗物质的很大一部分可能由常见但模糊的普通物质组成，例如红矮星、中子星、黑洞和木星大小的行星。他们称这些物体为“MACHO”，代表“巨大的天体物理学致密晕物体”。然而，即使是“MACHO”的支持者也承认，充其量，他们只能解释 20% 的暗物质问题。1994 年底，一种版本的“MACHO”理论受到了严重打击，哈勃太空望远镜扫描银河系的红矮星时发现这些暗淡的恒星比人们预期的要少很多。）

也许，弱相互作用大质量粒子最有希望的候选者是超粒子。前面说过，超对称最初被认为是超弦理论中的粒子物理学上的对称性。事实上，超弦可能是唯一完整的超粒子的一致理论。

根据超对称，每个粒子必有一个具有不同旋转的超级伙伴。例如，轻子（电子和中微子），自旋为$\frac{1}{2}$。它们的超级伙伴被称为“超轻子”，自旋为 0。同样，夸克的超级伙伴被称为“超夸克”，自旋为 0。

此外，自旋为 1 的光子的超级伙伴（它描述光）被称为“光微子”。胶子的超级伙伴（将夸克聚集在一起）被称为“超胶子”。

对超粒子的主要批评是，我们从未在实验室见过它们。目前，无任何证据表明这些超粒子存在。不过，人们普遍认为，缺乏证据的原因是，我们的原子粉碎力太弱，无法制造超粒子。换句话说，它们的质量对我们的原子粉碎机来说太大了，无法制造它们。

然而，缺乏具体证据并不能阻止物理学家试图用粒子物理学解释暗物质的奥秘和宇宙学。例如，一些人认为，弱相互作用大质量粒子主要的候选者之一是光微子。

因此，取消超导超级对撞机并不一定意味着验证超弦正确性的尝试失败。未来10年，希望天文仪器的精确度能达到更高水平，新一代的望远镜和卫星部署或许会缩小暗物质的候选范围。如果人们对暗物质的研究能更进一步，即便只有少部分由超粒子组成，超弦理论也会得到巨大的推动。

宇宙将如何死亡？

最后，暗物质可能对理解宇宙的终极命运具有决定性作用。有关膨胀宇宙的命运一直持有争议——一些人认为，有足够的物质和重力逆转它的膨胀；一些人认为，宇宙密度太低，星系会继续膨胀，直至宇宙周围的温度接近绝对零度。

目前，试图计算宇宙的平均密度表明，后者是正确的——宇宙将永远膨胀，死于哀鸣或严寒。然而，这一理论面临实验的挑战。具体来说，很可能存在足够的丢失的物质增加宇宙的平均密度。

为了决定宇宙的命运，宇宙学家使用名为“欧米茄（ω）”的参数测量宇宙的物质密度。

如果ω大于1，宇宙将有足够的物质逆转宇宙膨胀，宇宙将开始收缩，直至到达大挤压。

如果ω小于1，宇宙的重力太弱，无法改变宇宙的膨胀，宇宙将永远膨胀，直至接近绝对零度，达到宇宙严寒。

如果ω等于1，宇宙在这两种情况之间平衡，宇宙会显得非常平坦，没有任何弯曲。（为了使ω等于1，宇宙的密度必须为每立方米大约3个氢原子。）目前的天文数据偏向于ω的值为0.1。

大爆炸理论的主要修正是膨胀宇宙，该修正精确地预测 ω 值为 1。然而，有史以来，天上可见的星星只给了我们 1% 的临界密度。这被称为“缺失质量”问题，灰尘、棕矮星和不发光的恒星或许会少许增加这个数字，但不会增加太多（不同于暗物质问题，它是纯粹基于银河系考虑的）。例如，核合成的结果表明，这种形式的不发光物质的密度值不能超过临界密度的 15% 。

即使我们加上星系周围的暗物质晕，也只会给我们带来 10% 的临界值。所以，光环中的暗物质本身并不能解决质量缺失的问题。

除了仍未解决的暗物质问题，还有一个同样令人费解的宇宙之谜——星系如何聚集成巨大的星系团。这个问题的解决办法或许要涉及另一种弦理论——“宇宙弦”。

11　宇宙弦

当然，超弦被认为是极微小的振动物体，太小而不能被看见或不能被我们弱小的仪器探测到。一些物理学家推测，在大爆炸后不久，可能会有巨大的宇宙弦漂浮于太空，甚至比星系本身还大。（这些宇宙弦的灵感来自超弦，使用了许多相同的方程式，尽管它们是物理上不同的物体。）

根据这个理论，在这些古老的蠕动的宇宙弦之后留下的振动才是我们在天上看到的星系团，包括我们自己的。也许你会认为，横跨数十亿光年空间的美妙宇宙弦的猜测太幻想化。然而，宇宙弦非常实用，它们或许能解释宇宙学中最棘手的谜题之一——宇宙的“结块”。如能经过验证，我们的太阳系或许也得归功于这些宇宙弦。

（宇宙弦在电影《星际迷航：世代》中占据了显著位置。电影情节围绕一个巨大的在银河系漫游的宇宙弦展开——宇宙弦巨大的能量场毁灭了联邦星舰，制造了星际浩劫，甚至在时间扭曲中捕获了詹姆斯·柯克船长和让·卢克·皮卡德船长。任何一次在宇宙弦表面着陆都是瞬间进入一个天堂般的梦想世界，那里所有的愿望都将得到实现。）

超弦论 为什么宇宙如此拥挤

20 世纪 70 年代，天体物理学家相信，大爆炸理论可以解释宇宙很多定性和定量的特点。而后，大家在分析星系的大规模分布时发现了一些令人不安的结果。这些新结果虽未推翻大爆炸理论，但却强迫宇宙学家改变自己的理解。

出现了两个相互矛盾的结果（均匀分布和非均匀分布）。来自遍及宇宙的宇宙微波辐射（“大爆炸的回声”）的数据，说明大爆炸在各个方向是均匀的。不管科学家将他们的仪器指向哪儿，都发现宇宙微波辐射平滑且均匀，均匀的背景辐射充满了均匀的宇宙。事实上，用气球、小型火箭和地面仪器发射的传感器在背景辐射中找不到任何波动。

宇宙微波背景可追溯到宇宙刚刚 30 万年的时候，这些结果意味着，当时大爆炸的回声很平稳。（大爆炸后 30 万年，宇宙冷却到可以形成稳定的原子不被高温撕裂。然后，大爆炸遗留下来的辐射可以穿越太空而不被原子吸收。剩余的辐射形成了我们今天看到的微波背景。）

但是，当天文学家绘制成千上万星系的位置时，他们发现，它们以不同寻常的形式聚集在一起。事实上，星系之间存在巨大的空隙，跨度甚至跨过几百万光年。这些跨越几亿光年距离的空隙和团块可以构成多达 5% 的可见宇宙。这种聚集开始于大爆炸后大约 1 亿年。

星系分布中的这种结块是哈佛大学的哈洛·沙皮里（Harlow Shapely）于 1933 年和弗里茨·兹维基（Fritz Zwicky）于 1938 年首次观察到的。但他们的数据很粗糙，不足以确定这是否为一个普遍现象。几十年后，先进的计算机、数字分析和自动化技术让天文学家能一次系统地分析成千上万个星系。自动化技术产生了辉煌的包含一万多个星系的银河图，清楚地表明星系并非均匀分布于整个天空，而是聚集在一起，它们之间留有巨大的空隙。

1987 年，卡内基学院的亚当·德雷斯尔（Adam Dressier）以及六位合作者发现了一大群星系在距离地球大约 2 亿光年的范围内一起移动。它们似乎被一个看不见的巨大的质量吸引，科学家称为“巨引源”。他们发现，除了宇宙扩张之外，银河系和其他附近的星系似乎都在奔向巨引源，在利奥星座的方向。

1989 年，哈佛大学的玛格利特·盖勒（Margaret Geller）和约翰·修兹劳（John Huchra）宣布发现了一个巨大的星系“墙”，大约 5 亿光年宽，他们称其为“长城”。然后，天文学家将注意力转向南半球，寻找结块的证据。他们绘制了将近 3 600 个星系的图表，揭示了南墙的存在。后来，图森国家光学天文观测站的托德·劳尔（Tod Lauer）和巴尔的摩太空望远镜科学研究所的马克·波兹曼（Marc Postman）试图通过分析比德雷斯尔小组大 30 倍的空间检查这些奇怪的结果。他们分析了 5 亿光年距离的 119 个星系团，惊讶地发现，巨引源似乎是一个更大运动的一部分。这组更大的星系以大约每秒 700 公里的速度向处女座星系团行进。

宇宙的结块给大爆炸理论制造了一个难题。如果宇宙在大爆炸后大约 30 万年是非常平滑的，那么，大约 1 亿年后，宇宙将没有足够的时间让星系聚集。大多数宇宙学家都认为，对惊人平稳的爆炸产生巨大的星系团来说，这个时间太短。

超弦论 上帝的脸

这个谜一直是宇宙学的一大难题，直至 COBE 卫星于 1989 年被发射到太空，拍摄了第一张宇宙微波背景的综合图片。最后，宇宙学家有了大量关于背景辐射精确特征的信息。

COBE 卫星的目标是找到在其他情况下的平滑的微波背景辐射中的微小的温度变化。这些微小的扭结和热点将成为最终生长为我们今天可见的星系团的“种子”。如果COBE卫星未发现任何微小的异常，那么，我们对宇宙演化理论的理解必须进行重大修改。

伯克利的物理学家花了几个月的时间筛选COBE数据。重要的是，他们必须去掉所有与此无关的东西，比如来自银河系的静电、地球和太阳相对宇宙微波背景的运动。

研究结果在1992年4月登上了20世纪70年代世界各大报纸的头版头条。仔细分析表明宇宙微波背景辐射并不均匀，微小的不规则表明这些不均匀实在太小，无法被以前的实验检测到。这些不规则的照片最后交到了记者那里，他们半开玩笑地说，他们在盯着上帝的脸。

根据修正后的理论，这些小的微波辐射异常在大爆炸后30万年就存在了。在接下来的10亿年里，它们的体积不断增大，直到导致星系在太空中随机聚集。计算显示，这些在平滑的辐射中的小的扰动足以引起结块。随着宇宙的膨胀，这些辐射中的微小的扭结的大小也在增加，直到它们逐渐变成我们今天看到的星系团。

暗物质和宇宙的团块

也许，宇宙结块的最简单解释来自暗物质理论。我们记得，宇宙微波辐射代表了大爆炸30万年后的辐射残余。在此之前，普通物质的温度太高，不能形成任何结块——任何试图结块的原子会被强烈的热撕成碎片。天文学家唐纳德·戈德史密斯（Donald Goldsmith）将此比作试图在龙卷风中烤蛋奶酥——你在烤箱里烤一个蛋奶酥，它会被“狂风”吹跑，不过，“狂风”减弱似乎不会有问题。

暗物质是这幅画的一个例外。如果有大量的暗物质存在，结块很可能发生在大爆炸后30万年之前。因为暗物质不与普通电磁辐射相互作用，不受大爆炸后30万年之前存在的强辐射场的影响。暗物质确实有引力，因此，暗物质团很可能在大爆炸后不久就开始形成了。30万年后，普通物质会被这些巨大的暗物质团吸引，形成我们今天用望远镜看到的星系和星系团。

当然，还有另一种方法解释宇宙的这种结块，通过宇宙弦。

超弦切论 拓扑缺陷

我们对宇宙弦的理解来自我们对普通相变的理解，从晶体的形成到铁磁化过程。例如，固态物理学家意识到相变（例如熔化、冷冻、沸腾）不是平滑、均匀地转变，而是突发事件——从物质原子结构中形成微观“缺陷”开始，然后迅速生长。

当相变即将发生时，这些微小的缺陷会像原子晶格阵列中的断层线一样出现，具有明确的物理形状，如线条和墙壁等形状。拍摄的水即将结冰时的微观照片表明——当细小的线状缺陷和壁状缺陷出现时，缺陷成为“种子”，围绕“种子”生成微小的冰晶。

同样地，在铁被放入磁场中的显微照片里，人们可以看到原子间开始形成微小的“墙”。在由这些墙分隔的每个“域”中，铁原子分别指向某个方向。随着磁场的增加，墙壁融合，所有原子将指向同一个磁场方向。

粒子物理学家认为，当大爆炸开始冷却时，早期宇宙确有类似的缺陷发生。当早期亚原子粒子开始冷却时，它们可能已有类似凝结缺陷，包括弦、墙以及更复杂的被称为“纹理”的结构。

这些古老的宇宙弦类似于普通的磁铁畸形。磁场通常不能穿透超导材料（其电阻为零，并被冷却到接近绝对零度）。然而，磁场却能穿透某些类型的超导体，并形成凝聚磁场的弦。因此，磁场不是无孔不入的，而是集中在穿透超导体的细弦上。

类似地，宇宙弦可以比作早期宇宙的凝聚亚原子场。它们没有端点，它们不是封闭或无限长的。根据这个场景，这个一维断层线在宇宙大爆炸开始后不久就开始冷却并凝结成一张缠结的弦的网遍布整个宇宙。

这些弦有巨大的张力，所以它们会剧烈振动和摆动，通常与其他弦相交。人们认为，宇宙弦跨度为几十万光年，因此形成了星系生长的种子。然而，宇宙弦增长的计算机模拟似乎排除了这种可能性。

20 世纪 80 年代，有人提出宇宙弦通过它们的剧烈运动产生“重力波”的尾流，就像摩托艇穿过湖面时产生的波浪的波峰。这些重力墙稍后会凝结成片状物质，类似于今天发现的星系墙。假设原始宇宙有磁场，那么，这些宇宙弦或许会产生巨大的电场，变成超导体本身。由于这些超导宇宙弦在早期的宇宙中大概率为四处游荡，它们极可能是在推动物质而非吸引物质。无论推动还是吸引，都能解释物质分布的不规则。

这些难题可能会在下一代的实验和观察中得到解决。以前的宇宙地图曾经一次记录了数万个星系的精确位置和速度。芝加哥大学的唐纳德·约克（Donald G. York）正领导几所大学的集体努力试图收集最大的星系登记册，多达 100 万个星系，始于 1995 年。自动化和数字化光学仪器的进展使这一之前难以想象的壮举成为可能。这样一个银河地图集对确定是否存在这些异常或能带来帮助。

也许，最重要的一组实验将涉及精练 COBE 卫星数据。COBE 卫星的限制之一是，只能分析最低 7 弧度的温度变化。

不幸的是，气球实验持续的时间不足以进行可靠的测量，地面传感器会受大气波动的影响。最终，未来的宇宙学实验在另一颗类似 COBE 的卫星上进行，它能探测 0. 5 弧度内的温度变化。

暗物质、宇宙弦和银河聚集是一些在未来几年将继续引起宇宙学家兴趣和困惑的问题。因为这些概念可以被测量或者测试，我们希望在 10 年内解决其中许多实验性问题。随着超导超级对撞机的取消，我们将越来越依靠不断膨胀的宇宙信息以探索标准模型的极限和超越这个极限。希望我们可能瞥见，超弦理论和高维时空最迷人的一面。为了更好地理解宇宙的诞生，我们将着力研究十维的时间和空间。

12 通往另一个维度的旅程

回溯1919年，当爱因斯坦仍全神贯注于计算他的新广义相对论的结果时，他收到了一封柯尼斯堡大学（今俄罗斯加里宁格勒市）的不知名的数学家西奥多·弗朗兹·卡鲁扎（Theodor Franz Kaluza）的来信。

信中，卡鲁扎提出了一个新的写出统一场论的方法，将爱因斯坦的新引力理论和麦克斯韦的更古老的光理论结合起来。卡鲁扎提出了一个五维引力理论，代替用三维空间和一维时间描述的理论。有了五个维度，卡鲁扎有足够的空间将电磁力放入爱因斯坦的引力理论。卡鲁扎似乎突然为爱因斯坦正努力的问题提供了一条基本线索。卡鲁扎没有任何证明世界应该是五维的实验证据，但他的理论如此优雅以至于看起来颇有道理。

五维的想法对爱因斯坦来说太怪异，他重点关注了这篇文章，出版推迟了2年。直觉告诉爱因斯坦，这个理论的数学太美丽，它很可能是正确的。1921年，爱因斯坦最终同意普鲁士学院发表卡鲁扎的论文。

1919年4月，爱因斯坦写信给卡鲁扎，“通过五维圆柱体世界实现‘统一场论’的想法我从未明白。乍一看，我非常喜欢你的想法。”几周后，爱因斯坦又写道，“你的理论的统一，令人吃惊。”

然而，大多数物理学家用怀疑的眼光看待卡鲁扎理论。爱因斯坦的四维已足够令他们费解，更别说卡鲁扎的五维了。此外，卡鲁扎的理论提出的问题甚至多于它能回答的问题。如果光与重力的统一需要五个维度且我们的实验室只需四个维度就能测量，第五个维度在哪儿？有何意义？

对一些物理学家来说，这个新理论似乎是一个缺乏物理内容的室内把戏。然而，像爱因斯坦这样的物理学家意识到，这个发现是如此简单且优雅，它很可能是一流的。需要解决的问题是——这意味着什么?

认为世界是五维的，的确很荒谬。例如，打开一瓶装满气体的瓶子并放入一个密封的房间，气体分子通过随机碰撞迟早会扩散至所有可能的空间维度。然而，很明显，这些气体分子只填满了三个维度。

那么，第五维度去了哪儿?爱因斯坦认为，卡鲁扎的诡计太好了，不能仅因为它违背了我们对已知宇宙的直觉而抛弃。再次，仅因为美丽，即便缺乏实验验证也足以让爱因斯坦认真考虑某个理论。最后，在1926年，瑞典数学家奥斯卡·克莱因发现了这个问题可能的解。

卡鲁扎早些时候曾暗示，第五维度完全不同于其他四维，因为它是“卷曲的”，像一个圆圈。克莱因说，这个圆的尺寸太小，它不能被直接观察到，故而宇宙看上去是四维的。

换句话说，房间里释放的气体分子确实能找出所有可能的空间维度，但气体分子太大，无法融入圆形（卷曲的）的第五维度。作为一个结果，气体分子只能融入四维空间。

克莱因甚至计算了第五维度的可能的大小：普朗克长度，即 10^{-33} 厘米。

克莱因提出了对第五维度在哪儿的问题的卓越的解决方案，但也提出了更多新的问题——例如，为什么第五个维度能裹成一个小圆圈，而其他的维度却能延伸至无限远?

爱因斯坦将在接下来的30年里努力弄明白卡鲁扎－克莱因理论的意义。如前所述，作为统一场论的候选项，他无法解决这个令人困惑的问题。

爱因斯坦在他的后半辈子主要工作于两个方面——第一，他自己的电磁学的几何理论，将光的力量描述为空间－时间结构的简单变形——这条路引出了更复杂的数学，最终是一条死胡同。第二，卡鲁扎－克莱因理论，这幅画很美丽但作为宇宙的模型似乎毫无用处。如果有人能解释第五维度为什么是卷曲的，这个理论将非常有希望。爱因斯坦不时地研究卡鲁扎-克莱因理论，但未取得任何进展。

弦论超 解决办法：量子弦

在接下来的50年，大多数物理学家都放弃了卡鲁扎-克莱恩的想法，认为它们是纯数学奇异本质的奇怪脚注。这个理论几乎被遗忘，直至20世纪70年代，谢克（Scherk）想知道卡鲁扎-克莱恩将维度卷起的把戏是否可以解决他自己的问题。他和他的同事E. 克雷默（E. Cremmer）提出，将此做为从二十六或十维下降至四维的解决方案。

然而，超弦物理学家在解决这个问题时将具有一个非常大的优势——他们可以利用最近几十年来建立的量子力学的全部力量以解决为什么更高维度会卷曲的问题。

以前，我们了解到，量子力学使对称破坏现象成为可能，大自然总是喜欢最低能量状态。尽管我们最初的宇宙或许是对称的，但它有可能处于高能状态，故而会向低能态“量子跃迁”。同理，我们可以相信，最初的十维弦是不稳定的，它可能并非处于最低能量状态。

今天，理论物理学家正在努力证明——超弦模型预测的最低能量状态是六维宇宙已经卷曲，留下了我们的完整的四维宇宙空间。目前的观点是，原始的十维宇宙实际上是一个虚假的真空（假真空状态）——它不是能量最低的状态。

虽然没人能证明，不稳定的十维宇宙量子跃迁到了四维，但物理学家乐观地认为这个理论有极大可能为真，它有丰富的允许其存在的可能。因此，对于试图决胜当代物理学的年轻物理学家来说，解决超弦理论的最重要问题——证明十维宇宙实现了量子跃迁，出现了我们已知的四维宇宙。

弦论超 方先生

在科幻小说中，更高维度的旅行就像进入了一个奇怪的但类似地球的世界。这些小说中的人是类似于我们的人，但有些扭曲。这种常见的误解是因为科幻作家的想象力实在有限，无法掌握严谨的数学提供给高维空间的真正特征。事实上，科学比科幻小说更奇怪。

理解高维宇宙，最简单的方法是研究低维宇宙。第一个以通俗小说形式从事这项工作的作家是埃德温·阿·艾伯特（Edwin A. Abbott），一位莎士比亚学者，1884年写了维多利亚时代的讽刺小说《平地世界》，描述了生活在两个空间维度（二维）的人们的奇怪习惯。

想象一下，平地上的人们生活在一个桌面上。这个故事由自负的方先生讲述，他告诉了我们一个几何人生活的世界——“在这个世界，女人是直线，工人和士兵是三角形，职业男人和绅士（像他一样）是正方形，贵族是五边形、六边形或多边形。一个人的边数越多，社会地位就越高。一些高级贵族的边数会非常多，以至于他们最终会变成圆，达到最高级别。”

方先生是一个社会地位很高的人，他乐于居住在这个秩序井然的异常宁静的社会里。直到一天，来自太空世界（三维世界）的生物出现在他面前，向他介绍了另一个维度的奇迹。

当太空人看到平地人时，他们能看到平地人的体内并观察他们的内脏。这意味着，在原则上，太空人可以对平地人做手术而不用割破他们的皮肤。

当高维生物进入低维宇宙时，会发生什么？当神秘的太空之主（球体）进入平地世界时，方先生只能看到尺寸不断增加的圆圈穿过他的宇宙。显然，方先生以自己的角度无法完全想象球体的全貌，只能猜测球体身体的横截面。

球体邀请方先生参观太空乐园。这是一段痛苦的旅程，在这段旅程中，方先生从自己习惯的平地世界被剥离，被安置在第三维空间中。

我们可以想象这个过程，当方先生在三维空间移动时，他的眼睛只能看到三维空间的二维横截面。当方先生遇到立方体时，他会认为自己遇上了一个奇妙的东西——在一个正方形中出现了另一个正方形，且不断改变形状。

方先生被他与太空登陆者的相遇震惊，他决定告诉平地世界的同胞自己的这段非凡经历。他的故事被当局认为具有煽动性，可能会扰乱平地世界秩序井然的社会，他被逮捕至法院。审判中，他试图解释第三维，但未能成功。他试图向多边形先生和圆形先生解释三维球体、立方体和太空世界。

方先生被判终身监禁（由围绕他画的一条线组成），并像烈士一样度过此生。（讽刺的是，方先生所要做的是“跳出”监狱进入第三维空间，但这超出了他的理解。）

神学家兼伦敦金融城校长艾伯特先生写《平地世界》是对维多利亚时代他所看到的伪君子的政治讽刺。然而，在他完成《平地世界》100年后，超弦理论要求物理学家认真思考高维宇宙的模样。

首先，一个俯视我们宇宙的十维生物可以看到我们所有的内脏，甚至可以不用割破我们的皮肤做手术。显然，对我们来说，这很荒谬。但这极可能是由于我们对高维思考想象力有限，就像《平地世界》多边形先生们的想法。

第二，如果这些十维生物进入我们的宇宙，将手指伸进我们的房子，我们只能看到一个肉球在半空中盘旋。

第三，如果这些十维生物抓住了一个监狱里的人，并将他放在了其他地方。以我们的视角，我们会认为监狱里的人突然神秘消失，而后魔法式地重现于另一处地方。

在许多科幻小说中，最受欢迎的设备是“传送器”，它允许人们在一眨眼的工夫被送至很远的地方。或许存在一个更复杂的传送器，可以让某人跃入更高维度并在其他地方重新出现。

弦论 超 可视化更高维度

我们的大脑，全是三个空间维度上的概念化物体，无法完全掌握高维物体。物理学家和数学家也只能在他们的研究中用抽象数学处理这些对象（高维物体），而不是试图可视化它们。然而，考虑到与平地人的类比，我们可以用一些技巧来想象高维度的几何对象，如超立方体之类的几何物体。

三维立方体的概念对二维平地人来说，是非常奇怪的。然而，我们至少有两种方法可向他们传达立方体的概念。第一种，我们解开一个空心立方体（三维），会展开为一系列的六个正方形（二维），比如布置为十字形状。

对我们来说，我们能简单地将这些正方形重新折成立方体；对于平地人来说，这是不可能的。同理，一个更高维度的生物可以通过以下方式向我们传达超立方体的概念，解开它直到它变成一系列叫超正方体的三维立方体。

（也许，在萨尔瓦多·达利描绘的基督受难的画中可以找到超正方体的最著名的说明，这幅画在纽约大都会艺术博物馆展出。在那幅画中，抹大拉的玛丽亚（Mary Magdalene）仰望被吊在半空中绑在一系列立方体排列成十字架前面的基督。仔细观察，你会发现，那些十字架并非真正的十字架，而是一个未展开的超立方体。）

第二种，将立方体的概念直观传达给平地人。如果立方体的边缘是用棍子做的，立方体是中空的，我们可以用一束光照在立方体上，其阴影会落入二维平面。平地人会立即将立方体的阴影识别为一个正方形中的一个正方形。如果我们旋转立方体，立方体的阴影会出现超出平地人理解范围的几何变化。

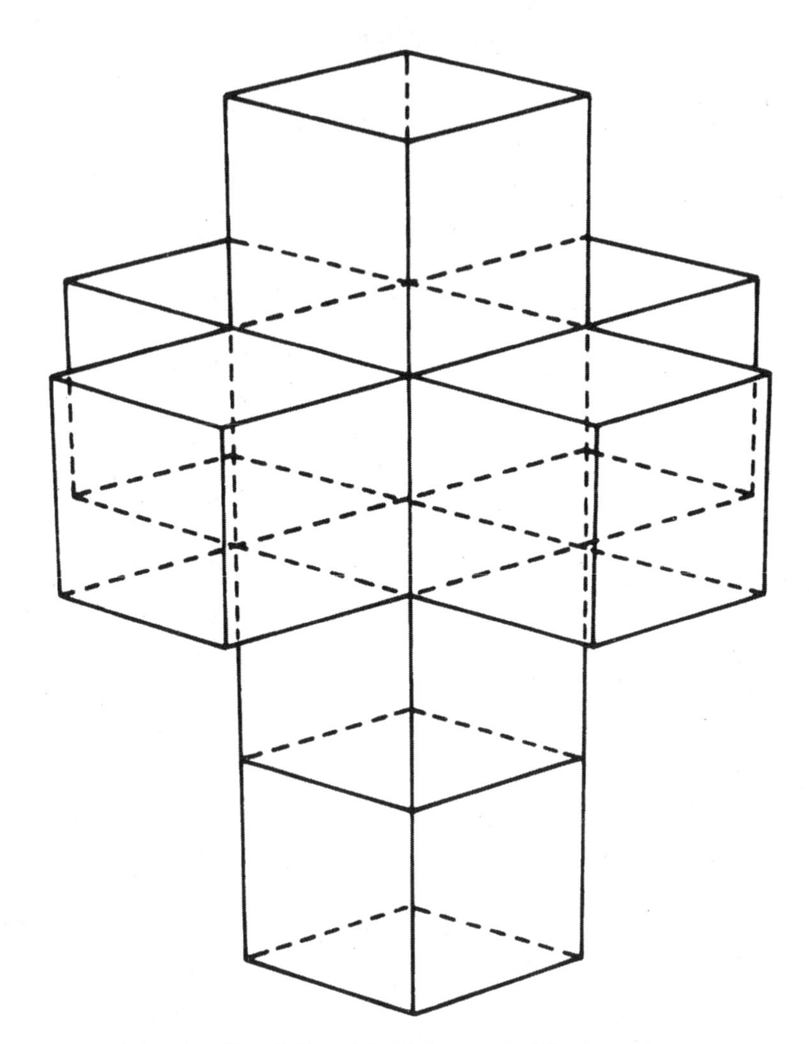

展开一个三维立方体，我们创造了一系列排列为十字形的正方形。展开一个四维超立方体，我们创造了一系列排列为十字形结构的被称为超正方体的三维立方体 。

类似地，侧边由棍子组成的超立方体的阴影在我们看来就像立方体中的立方体。如果超立方体旋转，我们将看到立方体中的立方体出现超出我们理解范围的几何变化。

总之，更高维度的生物可以很容易地可视化较低维度的物体，但较低维度的生物只能看见高维对象的截面或阴影。

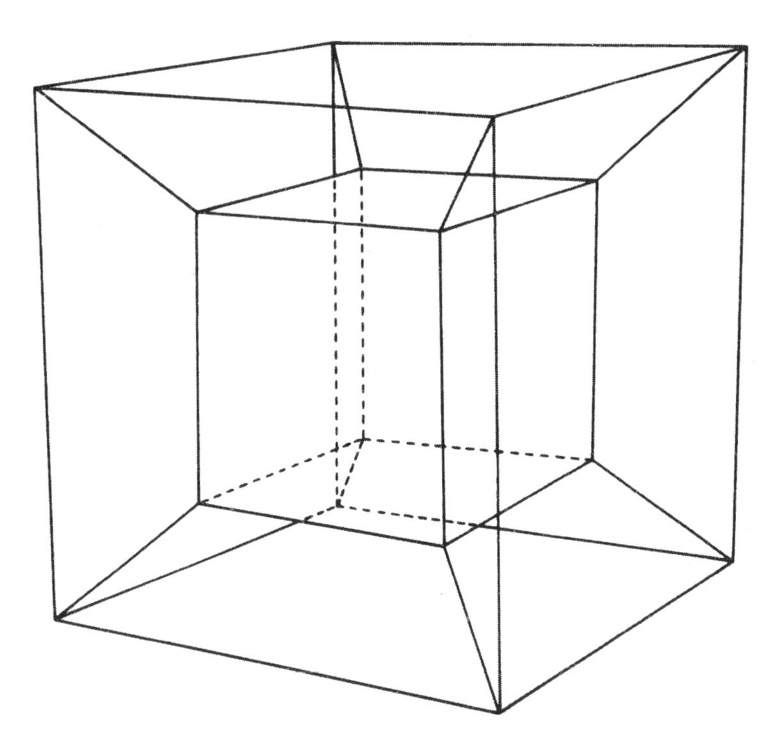

四维超立方体投射在三维宇宙中的阴影，看起来像立方体中的立方体。

弦论超 进入高维空间的旅程

进入第十个维度的旅程会是什么样子？

假设我们决定，将我们的三个手指伸进二维宇宙，将平地人方先生剥离地面，带他进入我们的三维空间宇宙。平地人看到，三个圈围绕在自己的身体周围盘旋，然后迅速靠近并抓住了他。

我们将他从平地拉出，让他靠近我们的眼睛接受检查，此时的平地人只能看到我们宇宙的二维横截面——他看到各种形状出现，生长和收缩、改变颜色、消失，这严重违背了平地人的物理法则。

以胡萝卜为例，我们可以完整地想象胡萝卜的样子，但平地人不能。如果胡萝卜被切成许多圆形碎片，平地人可以看到每一个圆形碎片，但永远不能可视化整个胡萝卜。

现在，我们将平地人从他的二维宇宙中剥离出来，他像纸娃娃一样漂浮在我们的三维宇宙。在我们的宇宙中，平地人仍然不能想象胡萝卜的样子以及我们的世界——因为他的眼睛在自己脸的两侧，他只能在二维平面看侧面。

当胡萝卜尖进入他的视野时，扁平的平地人会看到一个小小的橙色圆圈不知从何地突然冒了出来。此后，平地人将看到，橙色的圆圈逐渐变大——当然，平地人只看到了胡萝卜的每一个相继出现的一片，相当于一个圆圈。

然后，平地人看到橙色圆圈变成了绿色圆圈（对应于胡萝卜顶部的绿色部分）。突然间，绿色圆圈就像它出现时那样神秘地消失了。

同理，如果我们遇到了一个更高维度的生物，我们或许会首先看到三个肉球围绕着我们且越来越近。当肉球抓住我们并将我们扔进高维空间，我们只能看到高等宇宙的三维横截面。我们会看到出现物体、颜色改变、尺寸增大和缩小，然后突然消失。尽管我们能理解这些变化的物体实际上就是高维物体的一部分，但我们不能完全想象这个物体在高维空间的生活全貌。

弦论 超 时空的曲率

什么是空间扭曲？

空间扭曲是由于物质和能量的存在造成的时空结构的扭曲。正如我们在第 2 章看到的，爱因斯坦将时空扭曲解释为重力的起源。想象空间扭曲的效果，回想哥伦布时代，大多数人认为世界是平的。对环顾四周的人来说，世界肯定是平的——因为他们的观察半径与地球半径相比，实在太小。

同样，今天，我们假设周围的宇宙是平的，或许只是因为我们可见宇宙与实际宇宙相比，实在太小。

想象下面这个例子：一只虫子在球体的表面爬行，它会认为球体是平的，这与哥伦布同时代的人认为世界是平的完全一样。然而，事实上，这只虫子能绕球面旅行一周后回到原来的起点。这样，我们看到一个球体在二维是无限的和无边的，但在三维是有限的。

我们的宇宙处在这个自大爆炸以来一直扩张的超空间的表层。就像被吹大的气球上的斑点，星系不断地彼此远离。（显然，问大爆炸发生在哪儿是徒劳的——气球最初的膨胀显然不会发生在气球表面的任何地方。类似地，大爆炸的发生也不会是四维时空的任何地方。我们需要五个维度以解释大爆炸发生在何处。）

例如，在几何学中，我们知道，三角形内角和为 180 度。事实上，这仅适用于平面几何。如果三角形位于球体的表面，内角和大于 180 度（我们说球体有正曲率）；如果三角形位于马鞍的内表面，内角和小于 180 度（我们说这些表面有负曲率）。

弦论超 非欧几里得几何

数学家们过去曾试图判断我们的宇宙是否为弯曲的。例如，19 世纪，德国数学家卡尔·弗里德里希·高斯（Carl Friedrich Gauss）让他的助手站在三座山的山顶，形成三角形的三个顶点。高斯试图测量确定这个巨大三角形形成的内角和以判断我们的宇宙是平坦的或者弯曲的。不幸的是，他发现内角和是 180 度，所以，宇宙是平坦的，或者它的曲率太小而无法观察。

弯曲空间的数学有着奇特的历史。大约在公元前 300 年，伟大的希腊几何学家欧几里得首先系统地写下了几何定律，从一系列的基本假设开始。几个世纪以来，其中最有争议的是他的“第五个假设”——简单地说，如果有一个点和一条线，通过这个点我们只能画出一条线与原直线平行。

这种听起来天真且常识性的说法激起了之后 2 000 年数学家们的兴趣，他们认为或许能从前四个假设推出第五个假设。几个世纪以来，不时地有有进取心的年轻数学家宣布，他们已证明了第五个假设，但人们总能在他们的证明中发现错误。数学家们尽其所能地尝试，仍未能推导出第五个假设。事实上，他们开始怀疑，或许没有证据。

1829 年，俄罗斯数学家尼古拉·伊凡诺维奇·罗巴切夫斯基（Nicolai Ivanovitch Lobachevsky）解决了这个难题。他认为，不可能证明欧几里得的第五公设，并构建了自己的新的几何。在这个新的几何里，第五公设是错误的，这标志着非欧几里得几何的诞生。

不幸的是，罗巴切夫斯基很难让他的工作广为人知，因为他非常穷——不像某些其他数学家，他不是贵族或皇家宫廷的最爱。事实上，他从未享受过任何社会地位。他经常支持不受欢迎的自由主义观点，在沙皇统治时期这非常有风险。他的孤立越来越严重，因为在事实上，多数数学家对欧几里得可能是错的或不完整的观点持敌视态度。事实上，高斯本人在几年前也独立地得出了与罗巴切夫斯基相同的结论，但因顾及可能会产生的政治上的强烈反对而未发表。

1854 年，德国数学家波恩哈德·黎曼（Bernhard Riemann）展示了将这些理论拓展至更高维度以阐明这种新的几何学。他提出，所有的非欧几何形状都能用曲率表示。

像罗巴切夫斯基一样，黎曼也非朝臣的宠儿。他创造了本世纪最强大的数学，同时，他生活在贫困中。更糟糕的是，他家的几个成员完全依赖于他而生活。1859 年，他的运气来了，他在哥廷根获得了教授职位。然而，因常年对健康的忽视，他于 1866 年死于肺结核，死时 39 岁。

今天，黎曼几何是广义相对论的数学基础。事实上，爱因斯坦借用了这位数学家的大部分理论。不幸的是，黎曼并未活着看到自己的理论有一天会成为理解宇宙的基本框架。

弦论 超 最远的星星在哪儿？

为了便于讨论，假设我们生活在一个相对较小的超球面。我们要问的是——宇宙中最远的点在哪儿？古代哲学家也提过这个问题，想知道最远的物体之外是什么。如果宇宙是一个足够小的超球体，我们的望远镜能接收完全围绕它传播的光，我们会吃惊地发现——宇宙中最远的物体是我们的后脑勺。

想象一只虫子生活在气球表面的情况。为了便于讨论，假设光只能沿气球表面的圆形路径传播。如果虫子窥视望远镜，虫子发出的光可以绕气球一圈直至回到虫子的望远镜。如果虫子窥视宇宙中最远的物体，最终会看到它自己在凝视着望远镜。

同样，如果我们生活在一个小的超球体里，光可以绕我们的宇宙转圈。然后，通过我们最强大的望远镜，我们能看到的宇宙中最远的物体将是某人（我们自己）凝视望远镜的图像。最远的恒星将是太阳，我们自己的太阳。

当然，光可以围绕这个小超球体循环任意次数。这意味着，如果我们从稍微不同的角度凝视望远镜，会看到我们自己的影像看着另一个也是我们的复制品的人在他面前。如果我们稍微改变视角，我们会看到无限个人，每个人都用望远镜盯着他面前的人。当然，我们的眼睛看到了无限序列的人，因为我们的眼睛只能感知三维物体。事实上，我们的眼睛接收到了多次环绕宇宙的光。

弦论 超 黑洞

尽管所有这些看起来都具有高度推测性，但在 1994 年，科学家使用哈勃太空望远镜证实了 M87 星系有一个黑洞。未来几年，我们的太空探测器将能窥视外太空并发现更多黑洞，它们是经历重力收缩的大质量恒星的残余。

如果我们重新审视爱因斯坦给我们的照片，我们会发现黑洞由一个在时空结构中的长长的喇叭状凹陷代表。后来，爱因斯坦注意到这不完全正确。事实证明，只有一个这样的小号状凹陷，就会出现矛盾的结果。遗憾的是，为了给出黑洞的自洽图像，爱因斯坦被迫用了两个这样的喇叭状凹陷。

注意，黑洞似乎是两个完全不同的宇宙之间的“通道”。当然，重力非常大，以致任何掉进黑洞的人都会被压死。因此，对爱因斯坦来说，这些通向另一个平行宇宙的通道只是数学上的好奇。无论从哪方面看，在“桥”（也称爱因斯坦－罗森桥）的中心，重力将变得异常强大，“桥”两端的两宇宙之间无任何通信的可能。在“桥”的中心，任何人的任何原子和原子核都将被重力撕裂。

1963 年，物理学家罗伊·P. 克尔（Roy P. Kerr）发现了一种自旋黑洞，不是收缩至某一点，而是像一个薄饼那样变成无限薄的圆环。因为角动量守恒，我们预计，大多数黑洞都旋转得很快。克尔的度量，似乎是更合适的黑洞模型。

然而，克尔的衡量标准是奇特的，因为如果一个人与其轴线成直角直接落入圆环中，重力不是无限的。这一事实提出了一种不寻常的可能性，即在未来，太空探测器可能会被直接送入旋转黑洞，最终进入另一个平行的宇宙。事实上，这种抛射体从一个宇宙到另一个宇宙运动的精确路径可以被绘制。

如果我们从侧面（非直角）靠近这个黑洞，我们会被压碎。如果我们从环的顶部接近环，重力场会是巨大的，但不会是无限的。

斯蒂芬·霍金（Stephen Hawking）和他的同事罗杰·彭罗斯（Roger Penrose）研究过这些奇怪的克尔黑洞的影响。他们发现，爱因斯坦－罗森桥的颈部可能会弯曲过来，在宇宙的某个其他的地方出现，这

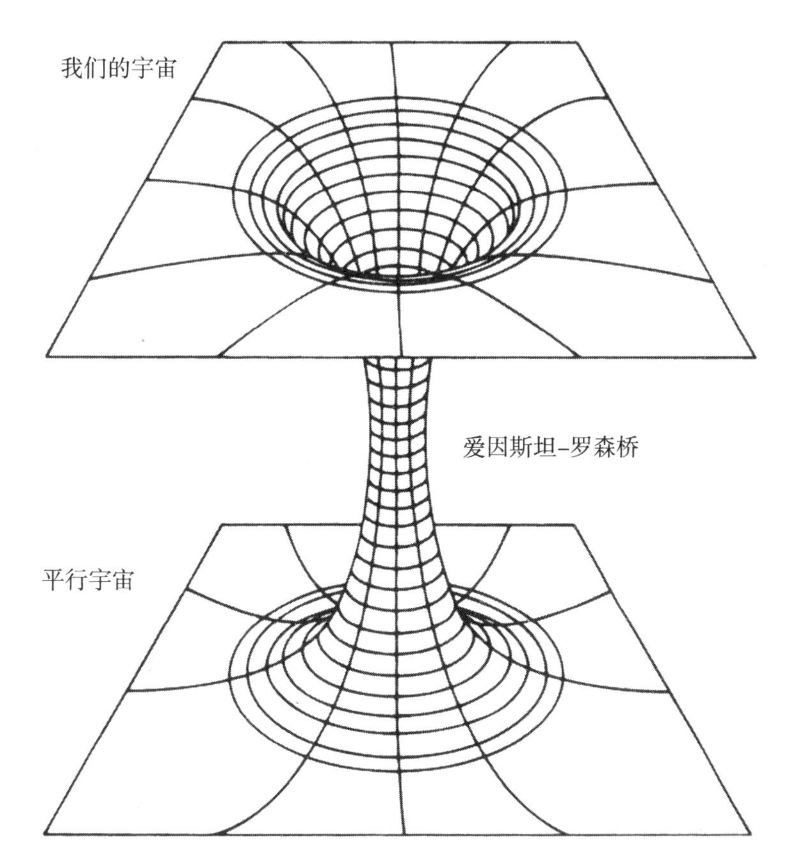

黑洞可以被视为通向平行宇宙的大门。“潜在问题”是，爱因斯坦－罗森桥中点的重力使两个宇宙之间的交流不可能。

增加了宇宙不同部分之间的一维桥梁的可能性。

这座桥会是什么样子？想象一下，为了讨论方便，我们发现了克尔旋转黑洞。如果我们与环成直角发送火箭穿过黑洞，它们是否会出现在黑洞的另一边。事实上，他们应该会出现在宇宙的另一边。从这个意义上说，这座桥可以作为通向太空另一面的方便的空间通道。

尽管这种可能性对科幻作家来说很迷人，但尚不清楚的是，这些桥是否确实存在。事实上，仅找到爱因斯坦方程的解远远不够，我们必须计算这些虫洞的量子修正。

传统上，在广义相对论中，量子修正是不可能计算的。所以，量子效应是否会关闭这座桥一直是人们推测的问题。然而，借助超弦理论，计算出量子爱因斯坦 - 罗森桥会发生什么以及确定量子效应是否密封它，只是时间问题。

一些物理学家指出，超弦理论所做的量子修正或许会封住入口，让这种进入另一宇宙的旅程成为不可能。然而，如果超弦校正未密封此维度桥，旅程将成为可能——将火箭直接送入旋转黑洞并让它们重新出现在宇宙的另一边。

尽管桥的问题已足够奇怪，但相对论效应更奇怪。随着超弦的到来，我们或许能解决时间的奇异扭曲是否可能的问题。

13 回到未来

在刘易斯·卡罗尔的《爱丽丝镜中奇遇》中，爱丽丝穿过镜子进入了另一个宇宙。在另一个宇宙中，一切似乎都很熟悉，除了有一些扭曲。在仙境中（另一个宇宙），逻辑和常识颠倒了。

卡罗尔的真名是查尔斯·勒特威奇·道奇森（Charles Lutwidge Dodgson）。他是数学家，在牛津任教并在数学逻辑领域做出了贡献。(维多利亚女王被他写给孩子们的书迷住了，女王坚持要他赠送自己的下一本新书。他欣然照办，将自己的关于抽象数学的新书寄给了女王。)

他最初写“爱丽丝梦游仙境”系列是为了用扭曲的逻辑逗孩子们开心。实际上，卡罗尔告诉了孩子们，有着与我们完全不同规则的其他世界有存在的可能性。

然而，从现代物理学的角度来看，可以这样描述该问题——关于和我们相似的平行宇宙的可能性，在科学上的看法？反物质宇宙，镜子宇宙？时间颠倒的宇宙？令人惊讶的是，GUT 理论和超弦理论讲述了许多关于这些不同类型宇宙的可能性。

首位打开另一宇宙大门的科学家是保罗·狄拉克（Paul Dirac），量子力学的创始人之一，他偶然地发现了反物质理论。

弦论超 反物质

狄拉克出生于1902年，比海森堡晚一年。他18岁从英国布里斯托尔大学毕业，电气工程师，找不到工作。他被剑桥大学录取，但因为缺钱放弃了。此后，他和父母住在一起，在1923年获得了应用数学学士学位。

1925年，他听说了海森堡令人兴奋的工作，另一位20出头的物理学家创立了一种新的物质和辐射的理论——量子力学。很快，令人惊讶地，他奋勇向前，在量子力学领域做出了惊人的原始性的贡献，狄拉克之前几乎未接触过物理。

1928年，26岁的狄拉克被困扰于薛定谔方程是非相对论性的，仅适用于远低于光速的速度。狄拉克还注意到，爱因斯坦的著名方程 $E = mc^2$ 实际上不完全正确。(爱因斯坦曾意识到，正确的版本是 $E = \pm mc^2$。但他不关心减号，因为他创造了一种力的理论。）与爱因斯坦不同的是，狄拉克当时正欲创造一个电子的新型方程（现称狄拉克方程），不能忽视物质具有负能量的可能性。负号令人费解，因为它似乎预示着一个全新的物质形式。

狄拉克发现，具有负能量的物质似乎与普通物质相似，但电荷相反。例如，反电子带正电，原则上它能围绕一个带负电荷的反质子旋转，创造一个反原子。此外，反原子可以结合起来创造反分子，甚至反行星、反恒星。

在狄拉克的原始论文中，他非常保守——他推测，也许，质子是电子的对应物。然而，他留下了一种明显的可能性——存在一种新的根据他的方程式预测的物质形式。

狄拉克首先预言了反物质的存在，后来反电子（被称为正电子）的发现为此作了证明——反电子由加州工学院的卡尔·安德森（Carl

Anderson）发现。安德森分析了宇宙射线轨迹后，注意到在一张照片中一个电子在磁场中走错了路。毫无疑问，它是一个带正电荷的电子。

由于他的工作，狄拉克在 1933 年 31 岁时获得了诺贝尔奖，并获剑桥卢卡逊教授职位，艾萨克·牛顿几百年来一直占据着同样的位置。安德森此后不久获得了诺贝尔奖，那是在 1936 年。

海森堡对狄拉克的结果印象深刻，他说，“我认为，在基本粒子性质方面的最决定性的发现是狄拉克发现了反物质。”

当物质和反物质碰撞时，它们会互相中和释放出巨大的能量。检查一大块反物质，即便不考虑其可能性，也是非常困难的，因为它与普通物质接触会产生比氢弹还严重的核爆炸。

物质和反物质转化为能量比氢弹释放能量的效率还高。在核子爆炸时，物质转化为能量的效率只有 1%。反物质炸弹如果被制造出来，爆炸的效率可达 100%。（事实上，利用反物质制造核弹是不实际的——虽然反物质炸弹在理论上可能，但它们非常昂贵。）

今天，人们正进行详细的反物质实验。在世界各地的几个原子对撞机上，物理学家产生了纯反电子束，然后欲使其与电子束碰撞。（因为电子束不强，物质和反物质的突然碰撞虽然释放能量，但不会引起爆炸。）未来，物质和反物质的湮灭可能会作为太空旅行的能量燃料（但前提是我们能在宇宙中找到大块反物质）。

一些人在科幻小说中读到过反物质，得知反物质理论已有 60 年历史后感到非常惊讶。也许，反物质存在却不广为人知的一个原因是——狄拉克是个低调的人，从不夸耀自己的成就。事实上，他沉默寡言的方式非常著名，以致剑桥大学的学生说，“‘狄拉克’讲话滔滔不绝，每年只说一个单词。”

弦论超 时光倒流

20 世纪 40 年代初，费曼还在普林斯顿大学读研究生时，他引入了另一种对反物质性质的解释。在量子电动力学中，费曼注意到，反物质在时间上向前推进与普通物质时光倒流没有区别。

这一发现允许了对反物质的一种全新的（同等的）解释。例如，我们推动一个有电场的电子向左移动，如果这个电子时光倒流，它会向右移动。然而，电子向右移动，对我们来说就像电子带正电而非负电。因此，一个电子时光倒流与反物质在时间上前进并无区别。换句话说，卡尔·安德森（Carl Anderson）在他的宇宙射线实验拍摄的好像带正电荷的电子，实际上在时间上是在倒退。

粒子在时间上向后移动给出了费曼图的一种新的解释。假设我们用一个电子和一个反电子碰撞，释放出一股能量。如果我们逆转反电子上的箭头，让它在时间上回到过去，我们将能重新解释这个图表。在新的解释中，一个电子在时间上向前推移，释放出能量光子，相同的电子时光倒流。

费曼事实上证明了量子电动力学的所有方程是一样的，无论是描述反物质在时间上前进或者是普通物质时光倒流。这种奇怪的状态使普林斯顿大学的约翰·惠勒（John Wheeler）提出的古怪理论成为可能——整个宇宙只由一个电子构成。

有一天，费曼还是普林斯顿的学生时，他的导师惠勒兴奋地声称，他终于知道了为什么宇宙中所有的电子看起来都很像。（每个学化学的学生都知道，所有电子是一样的——没有胖电子、绿色电子、长电子。）

想象以下创世的行动。假设从大爆炸的混乱和火焰中只带来了一个电子。这个电子在时间上向前推进数十亿年，直至它到达了另一个灾难性事件——时间的终结或世界末日。

这种令人震惊的经历反过来逆转了电子的方向，让时光倒流。当同样的电子回到大爆炸时，它的方向再次颠倒。这个电子并未分裂为许多电子，正是同一个电子在大爆炸和世界末日之间像乒乓球一样来回曲折。

现在，坐在宇宙大爆炸和世界末日之间的20世纪的任何人都能注意到大量的电子和反电子。事实上，我们可以假设电子来回往返了足够多的次数，以产生了宇宙中的电子总数。（当然，一个物体在空间往返多次，不能产生一个以上的自身的副本。然而，一个在时间上来回移动的物体却可以有自身的副本。例如，电影《回到未来》的结尾——“当英雄及时回到现在，看到自己曾离开的时间机器时，场景中出现了这个英雄的两个影像。”原则上，这种在时间上往返的效果可以重复任意次数，产生无限数量的副本。）

如果这个理论为真，它意味着我们体内的电子是同一个电子。唯一的区别是，我的电子或许比你的电子早几十亿年。如果这个理论为真，还有助于解释化学的基本原理——所有的电子都是一样的。这一理论的现代版本是——单弦宇宙。

惠勒的单电子宇宙能解释宇宙中所有物质的存在吗？物质能时光倒流变成反物质吗？这些问题的答案是“是的”，但没有实验能验证。根据量子电动力学的说法，物质时光倒流和反物质在时间上向前推进无法区分。因此，没有可用的信息可以在时间上向回发送，这就消除了时间旅行的可能。如果我们看到反物质漂浮在外层空间，或许是从未来向我们靠近，但我们不能用它向过去发送信号。

弦论超　镜像宇宙

爱丽丝透过镜子看到了一个镜像颠倒的宇宙。在那个世界——大多数人都是左撇子，人们的心在他们身体的右侧，时针沿逆时针方向移动。

尽管这个世界或许看起来很奇怪，但物理学家早就认定，这样一个镜像颠倒的宇宙在物理上具有可能性。例如，我们将牛顿、麦克斯韦、爱因斯坦和薛定谔方程颠倒过来，它们仍然保持不变。如果我们的方程式不分左右，那么，两个宇宙在物理上应该具有可能性。这一原则被称为“奇偶守恒”，能通过费曼的一个简单例子说明。

假设我们刚与另一个星球的人建立了无线电联系。我们看不见他们，但却破译了他们的语言，能通过无线电和他们交谈。我们为这个地外联系感到兴奋，向他们努力解释我们的世界。

我们问，“你看起来像什么？我们有一个头，两只胳膊和两条腿。”他们回答，“我们有两条触角和两个头。”他们明白我们所说的一切。

一切进展顺利，直到我们说，“……我们的心脏在身体的左侧，而不是右侧。”

他们回答，“我们很困惑。我们理解心脏，因为我们每人都有三个，但‘右’是什么意思？”

我们对自己说，这很简单。我们回答，“‘右’，就是在右手边。”

他们迷惑不解地回答，“我们理解手的概念，因为我们有两条触角，但哪条是右触角？”

我们想了一下，回答，“如果你顺时针转动身体，你的身体将向右移动。”

外星人回答，“我们理解旋转的意义，但‘顺时针’是什么意思？”

沮丧之余，我们说，“你知道上下的意思吗？”

他们回答，“知道，向上意味着远离我们星球的中心，向下意味着朝向中心。”

我们补充，“当钟的指针指向上方，它们会顺时针向右移动。”

他们困惑地回答，“我们明白了，我们明白了时钟，但仍然不理解‘右’或‘顺时针’。”

恼怒之下，我们做了最后一次尝试：“如果你坐在北极，你的行星在你脚下顺时针移动，那么，你的行星将向右旋转。”

他们回答，“我们理解极点的概念，但你们是如何区分北极和南极的？”

我们放弃了。

这个故事是为了说明一个事件——物理学家曾认为单靠无线电不能

区分“左”和“右”。宇称守恒，这是物理学中一个珍贵的观念，左手世界或右手世界都是一个合理的宇宙，不违反任何已知的原则。

1956年，两位年轻的物理学家否定了这种物理学观点。一位是普林斯顿高级研究所的年轻物理学家“弗兰克”杨，另一位是现在在哥伦比亚的年轻物理学家李正道，他们证明了这种均等在弱相互作用中不可行。哥伦比亚大学的吴世雄教授也通过实验证实了该问题，发射电子而衰变的钴-60原子主要以优选的方向旋转。

当实验结果被公布时，物理学家们震惊了。泡利一听到这个消息就说，“上帝一定犯了一个错误!”

物理学世界被杨和李的理论严重动摇了，该理论证明了根本不可能区分左手宇宙和右手宇宙。尽管他们的理论很奇怪，但实验结果是决定性的，他们还因此获得了1957年的诺贝尔奖。

现在，有了李和杨的历史性成果，我们可以回到收音机上，告诉外星人，“我知道了，取一大块钴-60放在磁场中，它发射的电子会飞向北极。一旦你知道了北方的含义，你将能容易地分辨顺时针和向右的意思。”

外星人回答，“我们知道钴-60是什么。我们知道它的原子核中有60个质子，我们可以进行这个实验。”

随着李和杨的开创性工作，似乎终于能传达左右的概念了。

假设，我们最终建造了足够大的火箭以搭载我们去外星。我们事先作好了约定，在相遇的那个历史性时刻，我们用自己的右手和右触角握手。

当这天到来时，我们相遇并伸出了右手。突然，我们注意到外星人伸出了他们的左触角。刹那间，我们意识到一个错误，外星人实际上是由反物质制成的。一直以来，我们都在与反物质制成的外星人交谈，他们是使用的反钴-60（钴-60的反物质）做的实验，并测量了向南运动的反电子自旋，而非向北。这时，我们突然有了一个可怕的想法——如果我们握住外星人的左触角，我们会在物质与反物质碰撞时爆炸而灰飞烟灭！

弦论超 CP 违例

直到20世纪60年代，人们一直认为，虽然宇称守恒被推翻了，但或许仍有一些希望。由反物质组成的宇宙和左右手颠倒仍具有可能性，人们相信宇宙的方程式可以CP反转（C代表“电荷共轭”，将物质转变为反物质，P代表“奇偶性反转”，左和右互换）。

因此，如果我们不能事先知道外星人是由物质还是反物质组成的，仍不能通过无线电向外星人传达左和右的概念，对称似乎被还原到宇宙中。

1964年，布鲁克海文国家实验室的瓦尔·惠誉（Val L. Fitch）和詹姆斯·W. 克罗宁（James W. Cronin）提出，甚至在研究某些介子的衰变时，CP被违背了。这意味着，如果我们颠倒物质和反物质以及左和右，宇宙的方程式会不一样（发生改变）。

起初，CP违例的消息令人失望，它意味着宇宙不如人们以前期望的对称。尽管这并未否定任何特别重要的理论，但这意味着大自然创造了一个比物理学家怀疑的更加困惑的宇宙。今天，GUT理论为我们做出了解释，CP违例在实际上也许是件好事。

宇宙起源的理论一直存在一个疑问，为什么我们在宇宙中看不到等量的物质和反物质。虽然天空中的物质和反物质难以区分，但天文学家认为，可见宇宙中的反物质可以忽略不计。

物质和反物质之间不平衡的原因是什么？为什么主宰宇宙的是物质，而不是反物质？

几十年来，有人提出了一个完全基于推测的机制——也许宇宙中的物质和反物质可以被某种看不见的力隔开。

然而，最简单的理论来自统一场论。在GUT和超弦理论中，CP是违背的。在时间开始之初，由于 CP 违背的结果，物质和反物质出现了轻微的不平衡，物质略多于反物质（大约多十亿分之一）。宇宙中的物质和反物质在大爆炸时彼此抵消，产生辐射，但多出来的十亿分之一的物质被留了下来。这种过剩物质构成了我们的物理宇宙。

换句话说，我们体内的物质就像化石，是物质和反物质在大爆炸的最初湮灭中遗留下来的产物。物质存在的根本原因是因为统一场论纳入了 CP 违例。没有 CP 违例，就没有宇宙。

超弦切论 时间旅行？

迄今为止，我们只讨论了看似良好的宇宙，与实验数据一致。实验室，我们一次又一次地测量了 P 违例和 CP 违例，并用来解释早期宇宙的某些特征。

事实上，广义相对论也允许一些很难解释的宇宙存在。其中，有些宇宙似乎允许时间旅行。

在爱因斯坦活着的时候，他的方程的每一个解在解释或预测宇宙学方面都取得了辉煌成功。例如，史瓦西解给了我们黑洞的当前描述；诺德斯特龙 - 莱斯纳解给了我们带电黑洞的描述；罗伯逊 - 沃克解给了我们大爆炸的描述。

然而，这个理论的一个解提出了一个关于时间本质的基本问题。例如，1949 年普林斯顿大学数学家库尔特 · 哥德尔（Kurt Godel）发现了一个奇怪的爱因斯坦解，它“不受因果律支配”。（对物理学家来说，一个不受因果律支配的宇宙仿佛一个在时间上无限循环的宇宙重复地以电影的形式在自己眼前播放。）

爱因斯坦本人承认了哥德尔理论的令人不安的含义。1949 年 2 月，爱因斯坦写道，“哥德尔的工作令人困惑，他提出了我无法完全回答的问题。”他继续写道，“哥德尔的解决方案在我看来，构成了一个对广义相对论的重要贡献，尤其是他对时间概念的分析。这个问题在我建立广义相对论时就一直困扰着我，我一直未能成功地澄清它。”

20世纪60年代中期，匹兹堡大学物理学家E. T. 纽曼（E. T. Newman）、T. W. J. 昂蒂（T. W. J. Unti）和L. A. 坦博里尼（L. A. Tamborini）发现了另一组爱因斯坦方程的奇异解。他们的解非常奇怪，被命名为NUT解，以三人名字的首字母拼写。

NUT解不仅允许这种奇怪的时间旅行形式，还允许其他的奇怪的时空扭曲。例如，绕着桌子走360度，我们回到了出发地。现在，想象一下沿螺旋楼梯走360度的结果，我们并未回到最初的起点。

这些NUT解允许更高维度里的阶梯型解。例如，如果我们围绕一颗恒星做360度的旅行，我们不会回到最初的起点，而是达到了不同的时-空层面上。

尽管爱因斯坦的方程允许时间的奇怪的扭曲，我们并不用担心有一天地球会落入一个NUT解，并从宇宙的另一边出来。如同《回到未来》中描述的那样回到过去，或许是你的母亲在你出生之前爱上了你，并不具有可能性。NUT宇宙如果存在，它将超出我们可见宇宙的范围。与它们沟通是不可能的，因为它们超出了光线的范围。因此，我们不必将爱因斯坦方程的这些解当回事儿。

弦论 超切 扭曲时间的量子修正

20世纪60年代，人们或许能将哥德尔和NUT宇宙排除在外，选择忽略。

然而，随着量子理论的出现，一切都变得困惑了。根据海森堡测不准原理，通过量子跃迁进入这些奇异的宇宙一定具有可能性，即便这些可能性无限小。因此，量子力学重新生成了许多的奇怪解。

事实上，随着超弦理论的发展，猜测和困惑被逐一消除。原则上，现在所有的量子效应都能进行计算。我们能一劳永逸地回答量子力学如何肯定或排除爱因斯坦方程的疯狂解——容许有桥的解，落入其他宇宙的解，以及时间旅行可能的宇宙解。

超弦产生的兴奋仍然持续着，尚未有人计算出这些量子修正。若干年后，人们或能有趣地看到这些量子修正有多大。

超弦论　从无到有？

多年来，物理学家一直对这种可能性感兴趣——宇宙来自于从无到有的量子跃迁（没有物质或能量的纯空间－时间）。

从纯粹的时－空创造万物的想法非常古老，可追溯到第二次世界大战时期。物理学家乔治·伽莫夫在自传《我的世界线》中讲述了自己首次向爱因斯坦提交这个理论的情况。一次，伽莫夫和爱因斯坦一起在普林斯顿街上散步。伽莫夫提到了量子物理学家派斯卡·乔丹（Pascual Jordan）的思想，“一颗恒星，由于有质量，故而具有能量。然而，如果我们计算锁定于重力场内的能量时，会发现它是负值。该系统的总能量或许是零。”

乔丹认为，由于恒星能量为零，所以在它凭空产生时并未违背能量守恒。当伽莫夫向爱因斯坦提到这种可能性时，伽莫夫回忆，“爱因斯坦停下了脚步，因为我们正过着马路，几辆车不得不停下来以避免撞到我们。”

1973 年，纽约亨特学院的埃德·特里恩（Ed Tryon）提出了独立于这些早期的有关星星的理论——也许，整个宇宙是从纯空间－时间创造出来的。再次，凭经验，似乎宇宙的总能量应该接近于零。特里恩认为，宇宙或许是被“真空波动”创造的，一种随机的从真空到完全成熟宇宙的量子跃迁。

开创膨胀理论的物理学家也将从虚无中创造宇宙这一观点视为一种

严肃的概念看待。不过，“从无到万物”的理论与超弦理论有什么关系呢？

正如我们之前看到的，超弦理论预测，我们的宇宙起源于一个十维宇宙，它不稳定并猛烈收缩至四维空间，这个灾难性的事件创造了最初的大爆炸。然而，如果“从无到万物”的理论被证明是正确的，它意味着最初的十维宇宙或许是从零能量开始的。

目前，超弦理论家无法在数学上计算十维宇宙断裂为四维的精确机制。涉及的数学超出了大多数物理学家的能力，因为该问题涉及了复杂的量子力学效应。事实上，这个问题在数学上有明确的定义，因此，求解它只是时间问题。未来，当十维宇宙分裂为四维空间的动力学被理解，最初的十维宇宙储存的能量将能得到计算。如果我们通过计算得出十维宇宙的能量最初为零，将成为“从无到万物”理论的有力支持。

超弦和时空

时光旅行……NUT 理论……从无到万物，它们都是广义相对论的外围边缘。

会出现一个不受因果关系支配的宇宙吗？黑洞是通向另一个宇宙的大门吗？超弦理论令人兴奋，因为它可以使我们计算出爱因斯坦理论的量子修正并一劳永逸地回答这些问题。

这些答案还未出来。在未来的几年，超弦研究还有许多事情要做。也许，本书的一些年轻读者会受到探索宇宙方程的启发，成为解决这些问题的人。

14　超越爱因斯坦

最远的星星之外有什么？宇宙是怎样创建的？时间开始之前发生了什么？自人类第一次仰望天空且惊叹于无数星星的光辉至今，我们一直对这些永恒的问题感到困惑。

超弦理论令我们兴奋的核心是，我们或许终于能接近这些问题的答案了。想象我们或许要进入的那个新的时代，在那里，我们能拿出详细的数字回答几千年前希腊人提出的问题，实在令人激动。

如果超弦理论成功了，我们或许会见证历史上一些最伟大思想家做出的贡献。如果物理学家能证明超弦理论是一种可解释重力的量子理论，它将成为宇宙统一理论的唯一候选。它将完成爱因斯坦在20世纪30年代开始的将引力与其他已知力统一起来的宇宙探索。

当然，这给物理学界带来了极大的兴奋。统一一度被认为是个美丽但不切实际的想法，但在过去20年已发展为理论物理的主导主题。我们可能正在见证过去300年从牛顿开始的物理学的高潮。正如格拉肖所说，“物理学的孤立丝线现在被编织在一起产生了一幅美丽且优雅的挂毯。”

正如施瓦茨指出的：

> 基本粒子物理不同于所有其他分支科学——我们试图问的问题非常具体，如能完全成功地回答这些问题，你将拥有确定的答案。在科学的其他分支中，甚至没有一个学科有理论完成的可能性——化学和生物学没有确定的答案，甚至物理学的其他分支（如凝聚态

> 物质物理学、原子物理学、等离子物理学）也没有确定的答案。在基本粒子理论中，寻找基本粒子规律——如我们追求的美真实存在，那么，一定有一个简洁而美丽的答案包含了整个故事。

这段话的含意令人震惊。例如，历史学家认为，发现一份罕见的几百年前的变黄的手稿是一个重大发现。这样的手稿给了我们与过去的无价联系，让我们一瞥以前的人们如何生活和思考。

考古学家认为，在几千年前的古代城市遗址中出土的文物是无价宝。这些人工制品能告诉我们（甚至在有文字记录之前）祖先如何建造城市，怎样进行商业和战争。地质学家对数亿年前在地壳深处产生的宝石的美丽而惊叹。岩石为我们提供了早期地球的宝贵线索并帮助我们解释形成大陆的火山力量。

天文学家用强大的望远镜探测天空，他们对接收到的光是几十亿年前由恒星发出的这一事实感到敬畏。古老的光帮助天文学家了解星星年轻时宇宙的模样。

对物理学家来说，超弦理论允许我们研究远在有文字记录、地质记录，甚至天文记录很久之前的时间周期。令人难以置信的是，超弦理论将带领我们回到时间的起点，回到世界上的所有力完全对称且统一的原始的超力。超弦理论可以为对我们至关重要的人类未曾经历过的现象提供答案。

对称与美丽

令人惊讶的是，我们发现，宇宙比我们期望的更简单。从某种意义上看，我们回到原处，在牛顿之前那个时代的科学家就认为，宇宙是完美有序的和结构化的。然而，到了 19 世纪，混乱导致了相对论和量子力学的诞生，物理学似乎困惑和混乱了。现在，我们似乎又回到了最初的想法——一个有序的宇宙——尽管是在更高的更复杂的层面上。

超弦理论表明，对称性在物理学中起着举足轻重的作用。一方面，我们意识到，仅依靠对称性本身并不足以推导出物理定律。另一方面，一些科学家认为，在物理证据的基础上，美丽是理论物理非常准确的指南。

如施瓦茨的评论：

> 历史上，当你在基础层面探索时，美丽在理论物理方面会起到很好的作用。当你进入深层次的基础物理学时，因为几乎没人明白，所以你的计划越优雅简单似乎越能成功。回到牛顿时代，过去两三百年的物理学的全历史非常清楚地证明了这点。

我们发现，自然界建造宇宙的机制比我们最初认为的或许更先进和简单。在处理从原子粉碎机里喷涌而出的杂乱不堪的数据时，尽管数学已飙升到了令人眼花缭乱的高度，但物理学的图像指导数学却比任何人的期望都简单。

此外，大自然似乎比以前更连贯了。以前，一个外行人为了对现代流行的观念有所了解，必须先阅读关于黑洞、激光、夸克、量子力学、电磁学等各方面的相关知识。对任何初学者来说，信息量的爆炸非常令人困惑。更糟糕的是，物理专业的学生通常需要消化至少 20 卷书籍才能了解自己研究领域的当前趋势。然而，现在的情况是，一本书就能将多卷书籍的基本思想浓缩为一个全面的连贯的方法以介绍物理全领域（这些术语能被可视化）。事实上，这正是本书的主题。

也许，过去几十年物理学最大的教训是，自然界不只是将对称性作为建立物理结构的便利工具，而是认识到自然界对对称性的绝对需要。当人们试图将量子力学和相对论结合时，出现了太多陷阱——巨大的雷区，如异常、分歧、快子（粒子速度快于光）、幽灵（概率为负的粒子），需要数量巨大的对称将它们消除。

简言之，超弦模型之所以“有效”，是因为它具有物理模型中从未发现的最大对称性。当我们基于弦而不是点写一个理论时，自然出现的大量的对称性足以消除这些异常和差异。

在某种意义上，超弦理论为狄拉克反对重整化理论提供了一个理由。他不可能接受费曼和其他人发明的所有技巧，将无穷大塞进他们的袖子。狄拉克发现重整化理论是如此地矫揉造作，以至于他拒绝相信它能成为自然的基本原则。费曼这位恶作剧者和业余魔术师能用羊毛遮住整代物理学家的眼睛吗？

超弦理论为狄拉克的反对提供了答案，因为它不需要重整化。物理学家相信，介于该理论中固有的大量的对称性，费曼的环图是有限的。

可以建造许多可能与相对论相容的宇宙，可以想象出许多服从量子力学定律的宇宙。将这两者结合起来产生了非常多的分歧、异常，也许只有一种解为真。一些物理学家愿以身家担保，最终解为超弦。

超弦论 像一部神秘小说

统一场论从最初到今天超弦理论的曲折发展在某些方面类似于一部神秘小说。

像推理小说那样，故事分阶段进行。第一阶段，主要人物介绍。这对应于牛顿、麦克斯韦、普朗克和海森堡时代，自然力的基本性质被确定和阐明。然而，物理学在这一时期花费了太长时间，持续了几百年，因为研究的方向不明确。与谋杀之谜相比，犯罪的定义是明确的。在物理学中，只有爱因斯坦在 20 世纪 30 年代对物理学应走的方向有清晰的认识，他在完全孤立中工作。此外，他缺少一个主要角色——核力量的关键信息。

第二阶段，将不同个体联系起来的模式出现了，给了我们罪犯身份的第一条线索。在物理学中，这相应于在 20 世纪 50—60 年代取得的令人困惑但稳步的进步，物理学家在强相互作用中认识了 SU（3）并在弱相互作用中认识了 SU（2）。李群被认为是解释各种力的适当的形式，但科学家对它们的起源和目的并不明确。夸克模型被提了出来，但人们对它并不完全了解且不知道是什么将夸克聚集在一起。

第三阶段，提出了相关的明确理论将某个人与犯罪联系起来。在物理学中，这相应于20 世纪 70 年代，这时规范对称被清楚地认为是强力、弱力、电磁力统一的框架。然而，这也是错误的开始。S 矩阵理论是作为另一种量子场论被提出，但它最终帮助产生了弦理论。然而，弦理论的意义在当时不能完全理解。在此期间，它遭到了否定。

第四阶段，线索到位，做出了最终结论。在物理学中，这相应于过去几年，超弦理论已成为了一种没有竞争对手的理论。尽管实验情况仍悬而未决，科学家们已有足够的令人信服的理论结果相信超弦理论正是我们长期寻求的统一场论。

成为大师

如果谋杀之谜真的解决了，物理学家们会不会真让自己失业呢？

想想格拉肖讲述的一个来自另一个行星的游客的故事：

亚瑟是一个来自遥远星球的聪明的外星人。他来到纽约城华盛顿广场看两位怪老头下棋。好奇的亚瑟给了自己两个任务：第一个任务是学习游戏规则；第二个任务是成为一代宗师。基本粒子物理学家的工作类似于第一项任务；对游戏规则非常了解的物理学家将面临第二个任务。大多数现代科学，包括化学、地质学以及生物学属于第二类；粒子物理学和宇宙学仅是部分知道规则。两种类型的努力都很重要——一种更“相关”，另一种更“基本”，两者都代表着对人类智能的巨大挑战。

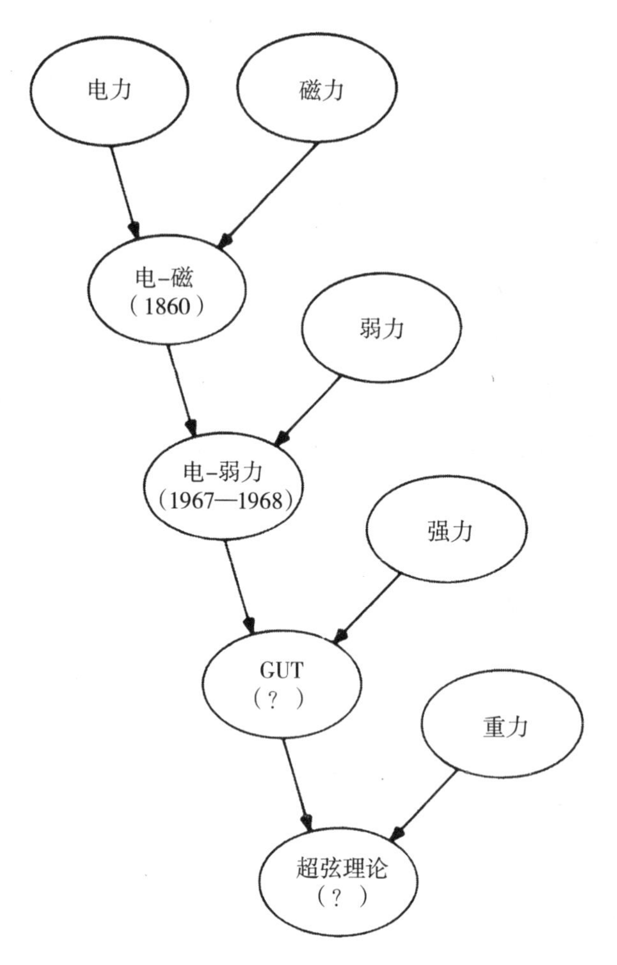

这张图表代表统一场论演变的历史顺序，始于1860年麦克斯韦发现的电和磁可以统一为电磁力。

举个例子，想象一个癌症研究者使用分子生物学探测细胞核的内部。如果物理学家告诉他，支配脱氧核糖核酸分子中原子的基本定律已被完全理解，他会发现在寻求征服癌症的过程中这个信息无任何用处。癌症的治疗涉及研究细胞生物学的规律且涉及了万亿个原子，任何现代计算机对此求解都非常困难。量子力学可用来说明控制分子化学的更大的规则，但需要一台电脑花费巨量的时间求解薛定谔方程才能做出有用的关于脱氧核糖核酸分子和癌症的说明。

称量子力学在原则上解决了所有的化学问题，这话相当于没说——它说，量子力学的确是原子物理的正确语言；然而，它又什么也没说，因为这个知识本身不能治愈癌症。

正如格拉肖所说，统一场论只是向我们解释了游戏规则，但它并未教会我们如何成为大师。

因此，超弦理论原则上或许可将所有的力量结合成一个连贯的理论，但它并不意味着物理学的结束。超弦理论只是打开了广阔的新的研究领域。

超弦论　在星星的门槛上

今天物理学的显著之处在于我们做出了对时间开始的令人信服的陈述。那时，我们像蜘蛛一样，在技术上非常年轻，刚从我们星球的引力的禁锢中解脱出来。从乔尔丹诺·布鲁诺时代开始，我们的智力走过了漫长的路程。他于1600年被烧死在教堂的火刑柱上，只因为他说了句，“太阳只是一颗星星。”今天，在技术层面上，我们仍处于婴儿期，刚开始探索太阳系中最近的行星。我们最强大的火箭也几乎不能逃脱太阳的引力。

然而，鉴于我们相对原始的技术发展，我们仍试着陈述时间的起源，主要是通过使用对称的巨大力量。在进化的时间尺度上，我们离开森林大概只有200万年（这不过是一眨眼的工夫），但我们已对数10亿年前，时间起点发生的事情做出了仔细的以及合理的陈述。

可以预料，只有拥有大量资源的更先进的文明能发现统一场论。例如，天文学家尼古拉·卡尔达舍夫将先进文明分为三类——第一类文明控制整个地球资源；第二类文明控制恒星资源；第三类文明控制整个星系的资源。

在这个规模上，从技术上讲，我们仍处于第一类文明的门槛阶段。

一个真正的第一类文明可完成超越当今技术范围的壮举。例如，第一类文明不仅能预测天气，还能在实际上控制它。第一类文明能将撒哈拉沙漠变成绿洲，利用飓风的能量，改变河道，从海洋中收获庄稼，改变各大洲的形状。第一类文明能窥视地球，预测或制造地震，从地球内部提取稀有矿物和石油。

相比之下，今天的我们连国家资源也不能绝对控制，更别说全地球了。然而，鉴于技术发展的几何级爆炸式展望，我们可以期待向第一类文明过渡，在几百年内掌握行星力量。

向第二类文明过渡，可以利用和管理控制太阳的能量，基于技术的几何增长可能需要几千年。第二类文明可能会殖民太阳系，或许还有一些邻近的太阳系，挖掘小行星带并开始建造可操纵太阳的巨大机器（第二类文明的能源需求异常巨大，人们必须实现对太阳的开采）。

向第三类文明过渡，掌握星系的资源，将我们的想象力发挥到极限。第三类文明可以掌握今天只能梦想的事情，比如星际旅行。也许，在艾萨克·阿西莫夫基金会系列中能一瞥第三类文明的模样，将整个银河作为背景舞台。

人类技术发展跨越了数十万年，不过，自牛顿发现引力定律以来的300年，我们在掌握自然基本规律上取得了不可思议的迅速进步。

很难想象我们的文明利用有限的资源如何最终向第一类文明过渡，然后充分利用统一场论的潜力向之后的文明过渡。牛顿和麦克斯韦，在他们的年代并未意识到某日人类会发送宇宙飞船至月球或者用巨大的发电厂给城市供电。在他们的时代，工业和商业太原始，无法想到他们理论中的一些固有的可能。

幸运的是，近年来，我们的技术进步呈几何级暴增。然而，我们的大脑和想象力却无法理解这样的几何成长。所以，科幻小说在几十年后重读时，总显得老旧过时。原因很简单，作者的想象力会受制于那个时代的技术限制。科幻小说仅是现状的线性推断或延伸，真实科学比科幻小说更离奇。

在这个框架下，可以想象预测统一场论有多难，因为我们受制于社会本身的相对原始性，我们的想象力太保守。

虽然我们未完全掌握第一类文明的行星资源，无法充分开发统一场论的实际应用，但我们有决心、智慧和精力探索统一场论。

我们的行动远未结束，只是刚刚开始。

《超弦论》引导读者探索当今理论物理学的新发现。这些发现使科学家找到了理论物理学最光明的新前景——超弦理论。本书讲解什么是超弦理论，以及它为何重要？这项革命性的突破有极大可能将爱因斯坦毕生梦想的“万物理论”变为现实——超弦理论可将物理学定律统一为一个单一描述，解释宇宙中所有的已知力。

该书由超弦领域的先驱之一加来道雄与詹妮弗·汤普森共同撰写。该书以激动人心的侦探故事的方式探讨了科学问题，以令人着迷的眼光审视了将不可能变为可能的新科学。

加来道雄博士是纽约城市大学研究生中心的理论物理教授。他以优异的成绩从哈佛大学毕业，在加州大学伯克利分校获得博士学位，并在普林斯顿大学任教。他是弦理论的创始人之一，撰写了 8 本书，发表了 70 多篇关于超弦、超重力和核物理的科学论文。他是广受好评的《超空间》《时间扭曲》《第十维度》的作者。《超弦论》被《纽约时报》和《华盛顿邮报》评选为年度最佳科学书籍之一。

詹妮弗·汤普森是一位作家，她与加来道雄合著了《核能》，被《基督教科学箴言报》选为 1982 年最佳书籍之一。她的关于科学、文化、旅游和食物的文章出现在许多出版物上，如《纽约时报》《旅游与休闲》。